油田废水纳滤处理技术

金丽梅　著

哈尔滨工程大学出版社
Harbin Engineering University Press

内 容 简 介

本书系统地阐述了纳滤技术的基本概念、基本理论及最新研究成果,主要内容包括油田废水特性、纳滤膜的制备及表征、纳滤膜的性能测试、纳滤分离的原理、膜污染特征、清洗及通量恢复等。为便于读者阅读,本书内容力求通俗易懂,对一些研究过程给出了较详细的介绍。书末附有膜法水处理技术常用术语中英文对照表和详细的参考文献,以便读者深入研究参考。

本书可作为环境科学与工程专业、给排水科学与工程专业高年级本科生和研究生的阅读教材,同时可供有关专业的学生、教师、科研人员及工程技术人员参考使用。

图书在版编目(CIP)数据

油田废水纳滤处理技术 / 金丽梅著. —哈尔滨：
哈尔滨工程大学出版社,2020.8
ISBN 978 - 7 - 5661 - 2767 - 9

Ⅰ. ①油… Ⅱ. ①金… Ⅲ. ①油田 - 污水处理 - 超过
滤法 Ⅳ. ①X741

中国版本图书馆 CIP 数据核字(2020)第 161190 号

选题策划　田　婧
责任编辑　丁　伟
封面设计　李海波

出版发行　哈尔滨工程大学出版社
社　　址　哈尔滨市南岗区南通大街 145 号
邮政编码　150001
发行电话　0451 - 82519328
传　　真　0451 - 82519699
经　　销　新华书店
印　　刷　北京中石油彩色印刷有限责任公司
开　　本　787 mm×1 092 mm　1/16
印　　张　8.75
字　　数　225 千字
版　　次　2020 年 8 月第 1 版
印　　次　2020 年 8 月第 1 次印刷
定　　价　39.80 元
http://www.hrbeupress.com
E-mail:heupress@ hrbeu.edu.cn

前　　言

　　纳滤技术是一种介于超滤和反渗透之间,以筛分效应和电荷效应为基础理论的压力驱动膜分离技术。纳滤膜(nanofiltration)对有机物切割分子量在 100 ~ 1 000 Da(1 Da = 1 g/mol)不等,可部分透过一些单价离子及小分子物质,而对二价离子及大分子物质具有较高的截留能力。因此,纳滤常用于溶质的分级、脱盐、浓缩分离等,可实现饮用水和工业废水的脱盐、净化。

　　油田废水成分复杂带来许多处理技术上的难题,经传统的混凝 - 气浮 - 过滤处理后仍含有油类和大量的矿物质盐等,远远达不到外排标准,甚至不能满足油田回注的要求。著者所在的哈尔滨工业大学于水利、时文歆教授课题组,经多年的实践及经验积累,根据油田废水的易污染特性,率先开发出基于树状分子聚酰胺 - 胺(PAMAM)并掺杂纳米 SiO_2 的有机 - 无机杂化膜,将其运用于油田三次采油废水处理中,取得显著的应用效果。著者将课题研究的部分成果著成这部关于纳滤技术应用于油田废水处理的书。本书系统地介绍了油田废水的特征、纳滤膜的制备、现代化膜表征、三次采油废水的分离效能、膜污染机理、膜污染清除等内容。在叙述上,力求做到深入浅出、突出重点。本书的主要思路为:从研究油田废水水质特点出发,研发新型抗污染纳滤膜;优化纳滤膜的制备工艺,并对其进行了包括微观形貌、物化性质在内的现代化表征;对比研究了基于 PAMAM 的有机膜和掺杂纳米 SiO_2 的有机 - 无机杂化膜的渗透分离性能;对三次采油废水处理的效果进行全面评价,探究膜污染规律、膜污染机理及通量恢复方法,最后对油水分离膜材料进行了简单介绍。如果本书的内容能够对读者的学习、教学、研究、设计等有所帮助的话,著者将感到无比欣慰。

　　书中内容的研究工作得到了国家自然科学基金项目(50978068)、科技部国际合作项目(2010DFA92460)、国家“863”计划项目(2008AA062304),以及著者主持和参与的黑龙江省普通高等学校科技创新团队项目“农产品加工与质量安全”、黑龙江省教育厅项目“两性离子纳滤膜的制备及脱盐效能的研究”“黑龙江八一农垦大学学成、引进人才科研启动计划”和课题“FO 分离膜性能测试及汲取液种类开发”的资助,谨此表示衷心的感谢。

　　本书共 7 章,由黑龙江八一农垦大学金丽梅著。本书部分图表的绘制是在衣雪松、王硕、张瑞君、鲍现、马聪等几位教授、副教授的帮助下完成的,在此向他们深表谢意。著者在美国加州大学伯克利分校访学期间,得到了米宝霞教授和康研、郑孙祥、胡蒙、王忠颖等国内外同人惠赠宝贵资料或给予热情的帮助与鼓励,在此谨向他们表示真诚的谢意。最后感谢在本书撰写和出版过程中所有给予关心、支持和帮助的人。

　　在本书撰写过程中,著者虽力求审慎,但由于水平有限,书中难免存在不足之处,恳请读者批评指正。

著　　者

2020 年 4 月于大庆

目　　录

第1章 油田三次采油废水处理技术研究进展

1.1 引 言

　　随着我国乃至世界几大主力油田均已进入石油开采的中后期,以提高油田原油采收率为目标的三次采油技术已进入大规模工业化应用阶段。该技术主要是通过向地下油层中注入化学类驱油物质,如聚合物、表面活性剂、碱、聚合物及其三元驱复合物等,进而改善油、气、水及岩石之间的性能来提高原油采收率的。目前,我国大部分油田的采出液含水率高达60%~90%,有的油田已高达97%~98%,且采油废水的产量呈逐年增加的趋势。采油废水中含大量的油类(1000~2000 mg/L)、聚合物、悬浮物、表面活性剂和盐分,总溶解性固体(TDS)为170 000 mg/L,特别是表面活性剂和聚合物的存在,使油水分离和悬浮物的去除存在很大困难,针对采油废水的有效治理一直是国内外研究的重点和难点问题。采油废水的对外排放会引起严重的地表污染、地下水污染和土壤污染等问题,为此,世界各国普遍制定了相应的采油废水外排标准。以油气量为例,澳大利亚的标准是日均对外排放不超过50 mg/L;美国的标准是日均对外排放不超过42 mg/L;而我国的采油废水外排标准中规定月均对外排放不超过10 mg/L,且化学需氧量(COD)小于100 mg/L方可外排。

　　鉴于我国油田生产特别是老油田生产时注水需求量大的生产现状,为了维持油田的注采平衡,常需将处理后的油田采油废水用于油井的回注,或者将其用于配制聚合物驱油剂,以减少配聚时消耗的清水用量。而采油废水的组成复杂,其含有大量的有机物、油、表面活性剂、悬浮物、微生物等成分,回注地层将引起严重的地层损害;另外,采油废水的高矿化度将导致配制聚合物的黏度降低,从而影响聚合物驱油的效果。因此,对采油废水进行深度处理以满足油田回用的目的,对于稳定油田生产、缓解环境污染及合理利用水资源等均具有重要意义。

　　前已述及,采油废水的成分复杂,可生化性差,给油田废水处理带来一系列困难。目前,针对油田废水所提出的处理方法主要有物理处理法、化学处理法、物理化学处理法和生物处理法,如目前广泛使用的高级氧化法、电化学法、生物处理法、化学沉淀法等。上述处理工艺通过不断的实践和改进,有效地解决了某些高浓度有机废水的处理问题,同时每种处理方法均具有一定的适应性和局限性。例如,使用高级氧化技术处理有机废水,具有效率高、反应快、占地面积小和能够解决难降解废水的处理问题等优点,但是它也存在处理费用高、反应条件要求严格和反应器制造复杂等缺点。化学沉淀法需要向水体中引入新的化学药剂,且只实现了污染物从液相转移到固相或气相中,并未完全降解和回收利用,容易对环境造成二次污染等。废水处理中采用单一的方法常难以达到国家规定的排放标准,常需要采取多种方法组合的处理工艺。因此,寻求一种工艺简单、操作费用低、尽量少使用化学试剂及减少对环境影响的绿色环保处理工艺具有重要意义。

膜分离是在 20 世纪初出现,并在 60 年代后迅速崛起的一门分离技术。与传统水处理技术相比,膜法水处理技术具有分离效率高、常温下无相变、无须添加助剂、常温下操作及工艺简单等优点,是解决当代能源、资源和环境问题的重要技术,可满足提高饮用水水质、提高污水排放水质、实现再生水回用、实现海水淡化等各类需求。此外,该技术还具有占地小、能耗低、对环境影响小等优点,是解决当代能源、资源和环境问题的高新技术。膜技术以其独特的技术优势被誉为"21 世纪的水处理技术",在水处理领域有着广阔的应用前景。

1.2 油田三次采油废水及其处理技术

1.2.1 油田三次采油废水水质分析

三次采油废水是随原油开采而伴生的一类废水,其中不仅携带少量原油,在地层的高温作用下,采油废水中还融入了大量的矿物质盐和天然气。我国大部分油田已经进入开采后期,在开采时常须加入大量的表面活性剂,如聚合物驱油剂、乳化剂、杀菌剂等;另外,采油废水中的有机物种类繁多且含量丰富,为部分细菌提供了合适的生存和繁殖环境,从而使废水中的细菌含量大增。因此,采油废水的成分十分复杂。一般来说,采油废水的组成具有如下特点:

(1)水温高。采油废水温度一般为 40～60 ℃。

(2)矿化度高。三次采油废水中含有大量的矿物质盐类,其矿化度通常在 4000 mg/L 以上,主要含有 HCO_3^-、Na^+、Ca^{2+}、Mg^{2+}、Ba^{2+}、Cr^{3+} 等离子。

(3)含油量高。三次采油废水中含油量常常会大于 100 mg/L,且油水在表面活性剂的作用下形成稳定的乳化油而不易于分离,给油田废水的处理增加了难度。

(4)大量的表面活性剂。原油开采时常向系统中加入大量的驱油表面活性剂以提高原油采收率,如阴离子型聚丙烯酰胺(APAM)是油田开采时常用的聚合物驱油剂,而采油废水中经过地层复杂作用后的 APAM 分子量大大降低,在油田废水中乳化剂的作用下,APAM 能够与油水乳化物紧密结合,形成均一、稳定的乳化液,从而增加了分离难度。另外,乳化剂的加入可以使地层中的油与水很好地乳化形成稳定的乳化液,从而利于原油的采收,在后续处理中还须向其中加入破乳剂,从而将原油与水分离开来。常见的乳化剂有阴离子型、阳离子型和非离子型表面活性剂等,如十二烷基磺酸钠(SDS)、烷基酚聚氧乙烯醚(Span 系列)、烷基酚聚氧乙烯醚(OP 系列)等。上述表面活性剂的存在,使得采油废水的成分更为复杂,且这些表面活性剂常与废水中的有机物、盐类等具有协同作用而难以分离。

(5)悬浮物含量很高。原油开采时,大量的泥沙随注入液进入地层,为聚合物、烃类等物质提供了大量吸附表面,形成稳定的小颗粒,易于堵塞地层。

(6)微生物丰富。采油废水中微生物(如硫酸盐还原菌(SRB)等菌类)的大量繁殖不仅会带来聚合物的降解作用,还会使系统中产生大量的硫化氢,造成管线的严重腐蚀,细菌的分泌物能与无机颗粒物相结合而极易造成地层堵塞,增加废水的复杂性和处理难度。

1.2.2　油田三次采油废水处理技术

采油废水的组成特点,比如其中的难降解有机物、表面活性剂和矿物质盐类含量的不同,以及针对不同的采油废水产量、废水处理后接纳的水体和是否有回用目的、处理程度的要求等,决定了所采用的废水处理方法不同,处理难度也不尽相同。目前,采油废水的处理目标主要包括以下几个:

(1)回注:将采油废水处理后回注地层或用于配聚。

(2)排放:处理采油废水以达到对外排放标准。

(3)油田回用:处理采油废水以达到油气田生产的用水标准。

(4)生产再利用:达到诸如灌溉的标准、牲畜使用及饮用水标准。

对采油废水进行处理,可以使其从废水变成一种无害的和有价值的产品。一般来讲,对采油废水处理时所要脱除的组分主要包括:分散的油及油脂类、溶解性有机物、杀菌剂、悬浮物、溶解性气体(轻烃类气体、二氧化碳和硫化氢)、溶解性盐类,以及天然有机物(NOM)。针对上述处理目标,本书提出了几种用于采油废水的处理方法,其中包括物理处理法、化学处理法、生物处理法、膜处理法等。下面将油田采油废水处理技术综述如下。

1. 物理处理法

物理处理法主要包括吸附、砂滤、旋风分离、电渗析等。吸附是指通过活性炭、有机黏土、共聚物、沸石和胶质吸附溶解性有机物。砂滤主要是对金属离子的去除,如在砂滤前通过调节酸碱度、向系统内增加氧气等去除采油废水中的金属组分。而旋风分离主要是对水－油－气三相混合物通过离心力和气浮法进行分离。电渗析(ED)法则是依据采油废水中的溶解盐,即阳离子和阴离子由于相反电荷间的相互吸引可以吸附到电极上,在 ED 装置中,膜片被置于两个电极之间,这些膜将允许阳离子和阴离子同时通过。最新的研究结果表明,这一方法在处理低浓度 TDS 的采油废水时具有较好的技术经济性,而对于处理高浓度 TDS 的采油废水则非常不经济。

2. 化学处理法

化学处理法是指采用向系统内添加化学试剂的方法来去除采油废水中的目标组分。化学沉淀法主要用于去除悬浮的胶体颗粒,但对于去除可溶性的组分则效果非常有限。石灰软化是水软化的重要途径,可将高硬度的水软化到用于蒸气发生器的水质标准。新型复合絮凝剂 FMA 是一种由铁、镁和铝组成的无机金属混合物,具有良好的絮凝、脱油、阻垢等特性,特别是对于溶解性固体含量较高(50～400 mg/L)的采油废水,其对溶解性固体及油的去除能力分别达到 92% 和 97% 以上。另外还有化学氧化法、电化学法和光催化法,分别用于去除废水中难溶的化学物质,降低采油废水中的 COD、BOD,以及实现大量有机物的分解。

3. 生物处理法

生物处理法是指利用采油废水中微生物的生化作用,使污水中有机污染物分解为小分子有机物质,即转化为无害物质以实现污水净化的目的。

根据采油废水在生物处理过程中是否供应氧气,生物处理主要分为好氧处理和厌氧处理两大类。在好氧处理时,常采用活性污泥法、滴滤池、序批式活性污泥法等,还可以在生物处理法中增加曝气过程以提高采油废水的处理效率。活性污泥法是处理采油废水的常用方法,在一个连续流反应装置中,首先采取浮油回收器进行除油,然后在好氧罐中实现微生物的生长。利用活性污泥处理系统20天左右即可除去98%~99%的石油烃类。另外,在SBR中,活性污泥对COD的去除率为30%~50%。当系统中的含盐量超过100 000 mg/L时,微生物的溶解作用促进了生物量的损失,从而使生物降解速率大幅度下降。

上述提出的几种处理方法中,物理处理法初始投资大,并且对进水的水质较敏感。化学处理法会产生新的有害物质,对外排放会造成新的污染,且运行成本较高;另外,采油废水的初始浓度对化学处理法的效果影响较大。在生物处理法中,无机组分和盐浓度对采油废水的处理效果更为敏感。用物理化学处理法和生物处理法处理采油废水,不能实现将所有污染物除掉。对于离岸生产装置而言,膜技术可以除掉废水物料中的有害组分以满足所有的环保要求,是较有前景的采油废水处理技术之一。

4.膜处理法

膜有多种分类方法,如按分离机理可分为反应膜、渗透膜等;按膜的结构又可分为平板膜、卷式膜等。目前最常见的膜分离方法是微滤(MF)、超滤(UF)、纳滤(NF)、反渗透(RO)和电渗析等。其中,微滤主要用于分离悬浮物颗粒;超滤主要用于分离大分子的胶体粒子;反渗透主要用于水溶液中有机小分子及盐离子的去除;而纳滤膜则是介于超滤和反渗透之间的一种分离技术,主要用于相对分子质量大于200的有机小分子和高价盐离子的去除。

在采油废水的处理技术中,微滤技术常用于去除悬浮物颗粒和不溶的高分子污染物,或者将微滤作为其他处理方式(如生物处理法)的预处理步骤。而超滤是有效地处理采油废水的方法之一,与传统的分离方法相比,它对油的去除率较高,无须另外添加化学试剂,且能耗较低,设备安装空间较小。镇祥华用切割分子量(molecular weight cut off, MWCO)为100 kDa的聚偏氟乙烯(PVDF)超滤膜组件对大庆油田采油废水进行了处理,结果表明,超滤出水中的悬浮物、含油量均低于1 mg/L,粒径中值和硫酸盐还原菌不能检出,超滤出水水质完全符合油田回注水标准。王北福采用超滤和电渗析联合技术处理大庆油田含聚废水的现场试验结果表明,管式超滤膜能有效去除采油废水中的原油、聚合物、悬浮物及其他杂质,处理后采油废水达到了用于配聚的标准。国外Lia等采用纳米铝改性的PVDF膜处理采油废水,实验结果表明,超滤处理对其中的油类、悬浮物和细菌等均能较好地去除,COD和总有机碳(TOC)的去除率达到了90%和98%,悬浮物含量低于1.5 mg/L,残余油的量不足1%。

虽然大部分超滤出水可用于油井回注,但超滤处理还有一定的不足之处,表现在以下四个方面:

(1)超滤过程只能对有机物(如胶体、细菌)部分去除,采油废水的COD、TOC值仍然较高。

(2)超滤过程基本不能去除采油废水中的矿物质。高矿化度的采油废水用于配聚时会降低聚合物驱油剂的黏度,影响聚合物的驱油效果。

(3)水中的二价阳离子(如Ca^{2+}、Mg^{2+})容易造成地层、井筒、集输管线等处结垢甚至堵塞,水中的二价阴离子(如SO_4^{2-})易促进硫化氢的产生和对金属管线的腐蚀穿孔。

(4)超滤处理后的水进行地表排放仍会带来河岸的腐蚀、天然植被的破坏及矿物质盐类在土壤中的沉积等诸多问题。

1.3　纳滤膜技术概述

1.3.1　纳滤膜概述

20 世纪 70 年代中后期,J. E. Cadotte 以哌嗪与均苯三甲酰氯为原料,采取界面聚合的方法制备了首张纳滤膜;80 年代初期,美国 FilmTec 利用界面聚合技术制成了首张盐截留率很高的 NF - 100 薄层复合商品纳滤膜,此后,许多其他形式的商品纳滤膜也相继开发出来。纳滤膜作为近年发展起来的一种新型压力驱动分离膜得到了迅猛发展。

纳滤膜的特点是具有纳米级孔径,分子量切割范围为 100 ～ 1000 Da。其分离活性层是较为疏松的表面结构,因此其通量较大,操作压力一般小于 1.5 MPa。与反渗透相比,纳滤的投资成本和操作、维护费用较低。一般而言,商业纳滤膜表面通常都是荷负电的,在盐分离过程中,通过膜表面的电荷与溶液中不同离子的静电排斥作用产生 Donnan 效应,因此纳滤膜对二价、多价离子等大的阴离子基团的截留率远远高于对单价离子的截留率,如对二价或高价离子的截留率可达到 90% 以上,而对一价离子的截留率一般只有 40% ～50%。纳滤膜开发的最初目的是使水软化,直至目前纳滤膜的主要工业用途仍是脱盐处理。纳滤膜对不同物质的截留性能见表 1 - 1。

表 1 - 1　纳滤膜对不同物质的截留性能

溶　质	截留率
单价离子(Na^+、K^+、Cl^-、NO_3^-)	<50%
二价离子(Ca^{2+}、Mg^{2+}、SO_4^{2-}、CO_3^{2-})	>90%
细菌、病毒	>99%
微溶质(MW[①] >100)	>50%
微溶质(MW≤100)	0 ～ 50%

① MW 为分子质量。

由表 1 - 1 可见,纳滤膜对二价离子具有较高的脱除率,对单价离子的截留率较低,故可以实现不同价态离子间的切割和分离。同时,纳滤膜对于小分子有机物的分离效果也较为明显。除表 1 - 1 所列有机物之外,它对内分泌干扰物(EDCs)、制药活性化合物(PhACs)、农药、消毒副产物(DBPs)、天然有机物(NOM)、微污染物(如农药、DDT)、挥发性有机物(VOCs)、病毒及细菌、硝酸盐、砷、铀、溶解态有机氮等均具有较强的去除能力,纳滤膜以其显著的分离特性在很多工业分离领域具有广泛应用,日益受到人们的关注和重视,特别是在去除有机污染物及无机组分方面,以及水的软化、废水处理、食品加工、医药、石油工业等方面得到了广泛的应用。

1.3.2　纳滤膜分离机理

纳滤膜的分离特性主要体现在以下两个方面:一是截留水溶液中小分子有机物质;二是受纳滤膜与离子间 Donnan 效应的影响,纳滤膜对不同价态的离子截留能力不同。纳滤膜与超滤和反渗透过程一样,均是以压力差为推动力的膜分离过程,但其传质机理既不同于超滤膜的孔径筛分,也不同于无孔致密反渗透膜的溶解扩散。

纳滤膜对盐类的分离行为不仅受到化学势梯度的控制,同时也受到膜表面电荷及溶质荷电状态,以及溶质与膜表面间的相互作用的影响。纳滤膜一般是荷电膜,其通过孔径筛分和静电排斥双重作用实现对不同价态的无机盐及各种有机物的分离,因此对于非电解质和电解质溶液而言,纳滤膜具有不同的分离机理。

非电解质主要是指溶液中存在的中性有机物等,由于溶质不带电荷,因此其传质模型不考虑纳滤膜表面与溶质之间的静电作用,其传质机理与反渗透相似,比较经典的传质模型主要有溶解 - 扩散模型、空间位阻 - 孔道模型、摩擦模型、不完全溶解 - 扩散模型和扩散 - 细孔流模型等。

由于纳滤膜传质过程受膜面与电解质电荷作用的影响很大,代表性的传质模型有 Donnan 平衡模型、空间电荷模型、固定电荷模型和杂化模型等。另外,最新研究表明,用于预测无机电解质在高压半透膜中质量传递的两个普通模型是均相表面扩散模型(HSDM)和薄膜理论模型(FTM)。FTM 是对 HSDM 的修正,且由于膜对溶质的截留及溶质向溶液主体的反向扩散,增加了膜表面的溶质浓度。Mulford 等最近则使用了综合进料浓度对 HSDM 加以改进,结果更为精确地预测了渗透液的浓度。尽管 HSDM 主要用于预测纳滤通量及盐类截留率,然而应用该模型对有机物的截留预测比对盐类组分的预测更为困难,这是因为溶质的物理化学特性,以及溶质与膜表面的交互作用,都会严重影响溶质的质量传递。

1.3.3　纳滤技术在采油废水处理中研究现状

前面已经叙述了采油废水的处理中很多是采用了微滤和超滤技术,然而关于采用纳滤和反渗透技术的研究并不多见。对于采油废水的处理来说,脱盐和对其中小分子有机物的去除是必要的,因此在采油废水处理中采用纳滤和反渗透技术是必需的一项技术。巴西、美国等均开展了反渗透深度处理采油废水的研究和应用实践。反渗透处理后的采油废水中,有机物和盐离子基本完全脱除,甚至可以达到饮用水的标准,但反渗透存在预处理要求高、操作压力大、处理成本较高等问题,因此限制了该项技术的应用。

由于纳滤膜的切割分子量介于反渗透膜和超滤膜之间(100 ~ 1000 Da,孔径 0.5 ~ 1 nm),且纳滤膜表面通常荷电,因此将其用于采油废水的处理过程中。从纳滤膜的分离原理上看,它既可以对小分子有机物通过孔径筛分和空间位阻等原理将其去除,同时也可以通过静电作用实现将采油废水中的矿物质盐类部分截留。Xu 等研究表明,采油废水经处理后完全可以达到工业排放标准,且纳滤操作费用远低于反渗透膜,在采油废水的深度处理中具有较好的应用前景。

目前国外应用纳滤技术进行油田采油废水的深度处理研究并不多见,国内几乎没有相关的研究和报道。Mehmet Çakmakce 探索研究了几种不同的处理方式和组合形式,即分别以溶解气浮、酸裂、混凝沉淀、微滤和超滤作为预处理方式,采用反渗透和纳滤方式去除采油废水中的盐分。实验结果表明,联合处理的方式达到了采油废水的排放标准,其 COD 值是 250 mg/L,并且不同的预处理方式可达到不同的排放标准。Marcel Melo 通过对油田废水进行膜处理的研究表明,NF/RO 有效降低了采油废水的 TDS 值和电导率,以及其他的指标,如浊度从 1.08 NTU 下降到 0.2 NTU,且电导率从 1899 μS/cm 下降到 97 μS/cm,表明纳滤处理技术实现了对采油废水中部分有机物的去除及盐分的去除,取得了较好的处理效果。S. Mondal 分别采用 NF–270、NF–90 纳滤膜及 BW–30 反渗透膜用于处理采油废水(TOC 值为 136.4 mg/L,电导率为 4190 μS/cm),结果表明 NF–270、NF–90 及 BW–30 的出水 TOC 值分别为 98.1 mg/L、89.7 mg/L 及 45.2 mg/L,出水的电导率分别为 3580 μS/cm、2610 μS/cm 及 2210 μS/cm,表明采油废水经纳滤处理后无机盐的含量大大降低,且对有机物的去除效果较好,出水水质达到了采油废水处理要求。以上研究中一般只说明了操作过程的分离效果,即纳滤膜可以作为采油废水处理的一种手段,并可根据出水水质的要求确定最终的纳滤处理工艺。而纳滤在运行过程中的污染程度及膜清洗频率将影响其技术经济性,并最终决定纳滤装置是否能够良好、稳定地运行。

1.3.4　油田采油废水纳滤处理技术存在的难题

从以上研究可以看出,纳滤膜处理技术能使油田采油废水达到严格的出水水质标准,是今后极具发展潜力的处理方法之一。由纳滤膜自身的特点出发,可以看出限制纳滤膜在采油废水深度处理中应用的主要因素如下:

(1)浓差极化严重。纳滤膜的孔径较小,在脱除采油废水的有机物特别是小分子有机物时,需要控制纳滤膜的孔径到更小的范围,而小孔径的纳滤膜对溶质透过能力减弱会带来更为严重的浓差极化现象。另外,由于采油废水的盐浓度非常高(有时电导率超过 10^4 uS/cm 以上),也会造成膜表面浓差极化严重,甚至在膜表面形成盐分析出,降低纳滤膜对矿物质盐和有机物的截留能力。

(2)膜污染问题严重。由于纳滤膜本身带电,因此可以吸附水中带电的有机物,如天然有机化合物、腐殖酸、胶体等在膜孔内部或表面造成永久性膜污染或可逆膜污染,清洗工艺复杂。

(3)现有纳滤膜通量低($10 \sim 30$ L/($m^2 \cdot h$)),膜设备的投资大。

(4)耐氯性能差。次氯酸钠清洗是行之有效的膜清洗方法之一,而现有商品纳滤膜一般都具有芳香酰胺的结构,在次氯酸钠的作用下,由于苯环的存在,游离氯特别容易攻击苯环上的酰胺基团生成氯胺,从而引起纳滤膜性能的急剧下降。

此外,采油废水的纳滤膜工艺中,如何除去废水中的胶质、有机质、悬浮物、易结垢物质、藻类、微生物等,使之符合纳滤膜的进水指标,还要进行相关的研究工作。进一步研究浓缩废水的再利用等,也是油田废水处理中所面临的主要问题。

从纳滤膜制备的角度上看,开发膜通量大、膜性能好、抗污染的纳滤膜材料是当前急需解决的课题。设计良好的动力学装置,以加强采油废水在膜表面的剪切作用可以削弱膜污染,增加水通量,减少化学清洗药剂的使用量。另外,膜处理技术与生物处理技术相结合形成的膜生物反应器是处理油田废水非常有发展前景的方法之一。另外,探索不同的膜组合处理工艺,将膜技术和聚结技术结合起来,开发经济、高效的破乳装置和破乳材料,有效实现物理油/水分离装置及附属高效、有效再生的吸附装置是首选的技术,既能解决膜污染所造成的诸多问题,还可以减少多单元处理模式,是未来油田采油废水处理技术的主要研究方向之一。

1.4 纳滤膜材料研究进展

纳滤膜材料可分为无机膜材料和有机膜材料两大类。有机聚合物膜具有制备方便、工艺成熟、原料来源广泛等优点,是商业化纳滤膜的主要材料,主要包括纤维素衍生物类、聚砜类、聚酰胺类、聚哌嗪酰胺类、聚酰亚胺类、聚酯类、聚烯烃类、聚乙烯醇、含氟聚合物等。纳滤膜制备材料的选择与纳滤膜的制备方法有着密切联系。而聚酰胺纳滤膜作为商品纳滤膜的主要品种,工业生产上技术成熟,产品种类繁多,但是围绕聚酰胺纳滤膜所做的种种改进和尝试,现在仍然是国内外学者的研究热点。下面将聚酰胺纳滤膜的研究进展总结如下。

1.4.1 聚酰胺复合纳滤膜的研究现状及耐氯性能

非对称复合纳滤膜由无纺布、支撑层和皮层三种材料构成。与相转化法制备的不对称结构纳滤膜相比,复合膜的支撑层多为超滤膜(如聚砜(DSF)),具有较大的孔结构,而纳滤膜的表层则为致密的超薄脱盐层,其中皮层结构对整个纳滤膜的分离性能起到决定作用,其结构如图1-1所示。因此,实现支撑层和皮层的分别优化,特别是对纳滤皮层的优化,以及尽可能减小超薄表层的厚度,使其对无机盐离子及有机物均有良好的分离效率和较高的通量具有重要意义。

目前,超薄表层的主要制备方法有涂覆法、浸渍法、原位聚合法、界面聚合法(IP)、接枝法等。其中界面聚合法操作简单、容易控制,能够制备出兼具较高选择性和渗透性的纳米级超薄皮层,从

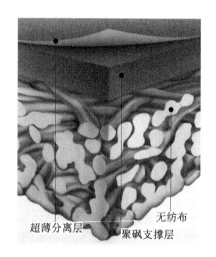

超薄分离层　　　　无纺布
聚砜支撑层

图1-1　非对称复合纳滤膜结构

而在膜分离领域备受关注和重视,界面聚合已成为目前绝大多数商品纳滤膜的制备方法。界面聚合法是指利用两种反应活性很高的具有多官能团且互不相溶的单体在两相界面处发生聚合反应,从而在多孔支撑膜上形成超薄的致密功能层。界面聚合具有以下优点:

(1)设备简单,操作容易。界面聚合是缩聚反应的特有实施方式,将两种单体分别溶解于水和与水不相混溶的有机溶剂中,然后将两溶液接触,聚合反应只在界面上进行。

(2)两种反应物不需要严格按物质的量之比加入。

(3)可连续性获得聚合物。

(4)反应快速,适用于不可逆缩聚反应,并要求单体具有较高的反应活性。

(5)常温聚合作用不需要加热,一般在 0～50 ℃。

界面聚合具有不同于一般的逐步聚合反应的机理。单体首先由溶液主体扩散到反应界面,界面聚合反应一般受扩散控制。聚合反应通常在界面的有机相一侧进行,如二胺与二酰氯的聚合反应就是在酰氯这一侧进行的。界面聚合法制备复合膜的示意图如图1-2所示。

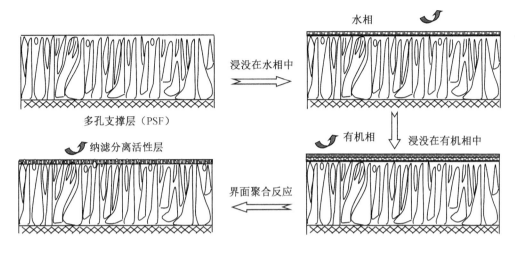

图 1-2　界面聚合法制备复合膜的示意图

界面聚合法可用于多种聚合物的合成,例如聚酰胺、聚碳酸酯及聚氨基甲酸酯等,上述物质均可作为纳滤的皮层材料。不仅如此,界面聚合技术在微胶囊材料、纤维材料和新型材料等制备中也具有极为重要的作用。然而,这种聚合方法也有缺点,如多元酰氯单体的成本较高,制备时需要使用和回收大量溶剂等,这些缺点使它的工业应用受到很大的限制。

聚酰胺纳滤膜分子结构中含有聚酰胺[—CONH—]链段,具有耐高温、耐酸碱及耐有机溶剂的优点,另外,分子结构中酰胺的存在使其亲水性较好,因此在纳滤膜制备中得到了广泛应用。

制备纳滤膜所使用的单体胺可以分为芳香胺、脂肪胺、脂环胺及半芳香胺等类型,上述胺类单体一般含有两个或三个基官能团,多官能团胺与酰氯反应以生成具有高度交联结构的聚酰胺分子。以芳香苯二胺为例,根据其分子中氨基的位置不同,又可分为邻、间、对三种形式的胺类单体,因此不同的胺类结构赋予纳滤膜不同性质。

目前已经成功商业化的纳滤膜主要有聚酰胺类、聚哌嗪酰胺类、磺化聚砜类、聚脲、聚醚类及混合复合纳滤膜,其中混合复合纳滤膜可以是聚乙烯醇和聚哌嗪酰胺的混合物。目前,芳香聚酰胺类纳滤膜占领大部分市场,如美国 Film Tec DOW 化学公司的 NF-40、NF-40HF、NF90 芳香聚酰胺类纳滤膜,以及 NF-270 哌嗪类半芳烃聚酰胺薄层复合纳滤膜,日本东丽公司的 UTC-20HF 和 UTC-60 膜,以及美国 AMT 公司的 ATF-30、ATF-50 膜等。几种典型的商品纳滤膜的性能参数见表1-2,表中所用到的数据一部分由生产商提供,一部分是由 Tang 等测试得到的数据。

由此可见,目前薄层复合芳香聚酰胺纳滤膜的制备已达到一个相对较高的水平,它已经是高通量和高截留能力商品纳滤膜的主力。然而,现有的研究仍表明,芳香聚酰胺对氯非常敏感,从而使该类纳滤膜在使用时须严格控制进水中的游离氯的含量。而关于提高纳滤膜的耐氯性能的研究很少,因此还有相当大的研究空间去讨论如何提高纳滤膜的耐氯性问题。

表 1-2 部分商品纳滤膜的性能参数

膜型号	材质类型	接触角/(°)	进料压力[a]/kPa	截留率[a]/%	Zeta 电位[b]/mV	粗糙度[b]/nm	MWCO/Da
NF90	芳烃	54.6	480	NaCl:90~96	-26.5	129.5±23.4	≈90
NF40	哌嗪	—	400	NaCl:40;MgSO$_4$:95	—	—	—
NF70	芳烃	—	400	NaCl:70;MgSO$_4$:98	—	—	—
SU600	—	—	350	NaCl:80;MgSO$_4$:99	—	—	—
SU200	—	—	750	NaCl:65;MgSO$_4$:99.7	—	—	—

a 制造商的数据；

b 膜测试条件:30 L/(m^2·h),2000 mg/L,25 ℃,pH=7,回收率10%。

Kawaguchi 等人研究了聚酰胺(PA)膜在氯的作用下发生的可逆和非可逆的氯化作用,表明聚酰胺纳滤膜的耐氯性能取决于胺类单体的结构和组成。Konagaya 以异酞酰氯与脂肪胺、脂环胺和芳香族二元胺反应制备纳滤膜,并研究了聚酰胺的化学结构对其耐氯性能的影响。结果表明,对于芳香纳滤膜来说,其氨基的邻位上含有—Cl 或者—CH$_3$取代基时,纳滤膜的耐氯性会得到加强。Shintania 等研究了使用各种胺类和酰氯制备的聚酰胺纳滤膜的耐氯性,结果表明,由芳香胺、脂环胺和脂肪胺制备的纳滤膜,其耐氯性能依次加强。特别是对于二胺中的氨基处在邻位时,要比处于对位和间位时表现出更好的耐氯性能。胺类单体中含有仲胺,这对于制备耐氯性能较高的纳滤膜也具有重要意义。

综上所述,开发具有较好耐氯性能的膜材料,研究不同单体制备的聚酰胺纳滤膜在氯的作用下的性能变化规律,具有重要意义。

1.4.2 荷电纳滤膜的研究现状及进展

由前面所述的纳滤膜分离机理可知,纳滤膜表面的荷电性能对于纳滤膜的整体透过性和渗透性能均有很大的影响。在抗污染、耐压密性、耐酸碱性等方面,荷电膜比中性膜具有更大的优势,因此引起人们的广泛关注。根据纳滤膜中荷电高聚物所带电荷的不同,荷电纳滤膜可分为荷正电膜、荷负电膜、两性膜等。

目前,很多场合是以截留带负电的胶体和多价阴离子为目的的,因此负电膜引起了更多的关注,并且应用较为广泛。多数商品纳滤膜是由底部支撑层和表面功能层组成的复合膜,其表面以荷负电为主,主要有通过界面聚合法制备的聚酰胺膜和相转化法制得的醋酸纤维素(CA)、磺化聚(醚)砜(SPESF)、磺化聚醚砜酮（PPESK）;其他荷负电的膜材料还有羧甲基甲壳素(CMCH)以及 N,O-羧甲基壳聚糖;另外还有报道指出,由二甲基丙烯酸酯和甲基丙烯酸的混合物也可制备出荷负电的纳滤膜。

虽然荷负电纳滤膜得到了很大的发展,然而实际应用中常需要制备荷正电的纳滤膜以实现高价离子的回收、电镀废水的处理等。目前制备荷正电纳滤膜的相关研究并不多,主要制备方法有由荷电膜材料直接制膜法、含浸涂数法和表面化学改性法等。

1. 由荷电膜材料直接制膜法

由荷电膜材料直接制备纳滤膜的途径,主要是通过相转化法来制备聚醚醚酮类荷正电纳滤膜。但此法步骤繁复,膜的结构和性能难于控制。另外,在界面聚合反应中,由带有仲胺的 PAMAM 胺类单体制备纳滤膜时,也可以制得荷正电的纳滤膜。

2. 含浸/涂敷法

含浸/涂敷是指将纳滤基膜在荷电试剂中浸泡或将荷电试剂在基膜上涂敷,并进行热处理或化学交联,以保证荷电试剂能够与基膜紧密结合。国内已有相关研究,如鲁学仁等以胺与环氧缩聚物为荷电材料,以聚偏氟乙烯(PVDF)和聚砜酰胺(PSA)膜为基膜,采用浸涂法制备荷正电的纳滤膜。

3. 表面改性法

将不带电的高聚物进行化学改性,引入荷正电的基团(一般是季铵基团),然后将改性的材料制膜,或者将不带电的膜材料制膜后,对高聚物进行交联,从而实现其表面的荷电改性,在膜表面引进正电荷。已有的研究包括:以聚甲基丙烯酸二甲氨基乙酯(PDMAEMA)为膜材料,以 P - 二氯亚二甲苯/庚烷为交联剂,引进荷正电基团,制得荷正电的纳滤膜,该纳滤膜具有一定的抗氧化和自由氯的能力。王薇利用类似的方法,制备了聚甲基丙烯酸 - N,N - 二甲氨基乙酯中空纤维复合纳滤膜。Su 等使用杂环联苯聚醚砜酮制备成膜后,将其含浸在三甲胺溶液中进行季铵化,在膜表面引进正电荷,发现该膜具有很好的耐酸性和耐氧化性。另外,还有通过等离子体对纳滤膜表面进行辐射从而对其改性的,使其具备荷正电纳滤膜的特性,但该过程常受到辐射源设施和制备成本的限制而难于实现大规模工业推广。

另外,近年来对于两性离子膜的研究进展很快,该过程的核心思路是通过界面聚合技术或表面改性技术使纳滤膜的表面同时含有正电荷和负电荷,使纳滤膜表现出两性纳滤膜的性质。

由以上叙述可知,目前的商品纳滤膜均以荷负电为主,且对于以某一单体制备的纳滤膜,其表面荷电量基本不变。通过选用某种制备单体的材料,改变纳滤膜的制备条件,最终实现纳滤膜表面的电性调节,以制备不同荷电量的纳滤膜,从而实现纳滤膜在不同场合中的分离,对于工业生产具有重要意义。

1.4.3　有机 - 无机杂化膜材料

有机膜有许多优点,例如原料来源广泛、制备简单、成本低、易于实现工业化等。虽然多数商品纳滤膜是由有机聚合物制成的,但是它还有许多缺点需要克服,例如热稳定性差、抗污染性差及抗溶胀性差等。因此,需要对其进行适度的改性以提高纳滤膜性能,而无机改性正是近年来研究的热点之一。无机膜相对于有机聚合物膜来说,具有两大优点:一是耐高温,大多数陶瓷膜在 1000 ~ 1300 ℃高温下使用;二是耐腐蚀(包括化学和生物的腐蚀),无机材料通常可用于任何酸碱度范围及任何有机溶剂中。无机膜的另一个优点是便于清洗,因此无机膜的寿命比有机聚合物膜的长。另外,无机膜还具有机械强度大、生物耐受性强等优点。但是由于无机膜材料具有脆性大、弹性小、成膜加工困难、成本造价较高等缺点,从而限制了其在膜制备领域的广泛应用。

共混改性是指将两种或两种以上的膜材料通过物理混合的方法制备成共混膜,以提高膜的综合性能。根据材料的不同,共混可以分为有机材料共混和有机 – 无机材料共混两大类。有机材料的研究,例如 Zhao 以交联的聚乙烯吡咯烷酮(PVP)与聚醚砜(PES)制备了半互穿网络聚合物,再通过该聚合物与聚醚砜共混制备了纳滤膜。由于半互穿网络聚合物有较多亲水性的基团裸露在共混材料的表面,从而使膜的亲水性增加。另外,有些高分子材料本身具有亲水基团,以其作为添加剂可以改善高分子材料的性能,如不同磺化度的磺化聚醚醚酮(SPEEK)与聚醚砜共混制备的纳滤膜,水通量增大,且耐污染性能增强。

近年来,很多新型的有机 – 无机杂化材料被开发出来。无机纳米粒子具有较大的比表面积,其表面极易吸附带负电的羟基基团,因此有机 – 无机杂化材料能够综合有机和无机材料的优点,使复合膜具有较好的性能。例如,无机粒子使有机 – 无机共混材料具有较好的热稳定性、机械稳定性、尺寸稳定性、抗溶胀性能和电化学性能,纳滤膜的亲水性能得到提高,从而提高了复合膜的抗污染性。

常见的用于添加剂的无机纳米粒子主要包括二氧化钛(TiO_2)、二氧化锆(ZrO_2)、三氧化二铝(Al_2O_3)等。Al_2O_3 及 TiO_2 的混合物也被应用于纳滤膜的制备过程中。其中纳米 TiO_2 因其具有物理、化学性质稳定,无毒,光催化活性高等优点,在水处理膜制备中已得到广泛的关注。如在超滤膜制备中,将 TiO_2 和 Al_2O_3 共混后再与 PVDF 共混制备超滤膜,用于油田采油废水的超滤处理,研究结果表明,TiO_2 的加入提高了膜的总体性能,如通量、抗污染性能等均得到大幅提高。但是纳米 TiO_2 的价格较高,在工程应用中无疑会增加制膜成本。

使用制备工艺简单、来源广泛、价格低廉、性能优异的 SiO_2 粒子来制备纳滤膜具有一定的优势。且 SiO_2 粒子通常会进行亲水或疏水方面的改性,将其作为添加剂填充到有机膜中以调节纳滤膜的性能,这一过程简便易行。研究表明,纳米粒子的粒径处于 $1 \sim 20$ nm 时比粒径在 50 nm 以上的纳米粒子所制备的纳滤膜具有更好的膜性能,这是由于小粒径的纳米粒子具有更大的比表面积,会强化无机粒子与有机聚合物之间的关联,从而提高纳滤膜的性能。为克服纳米粒子的团聚,常在制备无机纳米粒子分散液时,向其中加入表面活性剂(如 SDS),以提高纳米粒子的分散性能。

目前采用纳米 SiO_2 粒子制备改性膜的研究方法主要有共混法和溶胶 – 凝胶法,例如现已成功制备了聚乙二醇(PEG) – SiO_2、聚醚砜(PES) – SiO_2、聚乙烯醇(PVA) – SiO_2 等膜。最新的一些研究是将 PSF 无机改性的超滤膜用于处理含油废水。在纳滤膜制备过程中,Jadav 等合成了 PA 含 SiO_2 纳滤膜,并研究了纳米 SiO_2 粒子对膜性能和结构的影响。Winberg 等制备了改性的 SiO_2 纳滤膜,从而提高了膜的亲水性和抗污染性等性能。

1.5 PAMAM 树状分子

1.5.1 PAMAM 的结构特点

树状分子是近年来国外开发的一类新型功能高分子,其名字来源于拉丁文"dendra",因其具有树状结构而得名。从分子结构上看,树状分子具有高度的几何对称性、精确的分子结构、大量的官能团、分子内存在空腔及分子链增长具有可控性等特点,在很多领域受到关注。

　　PAMAM 树状分子是目前研究最广泛、最深入的树状大分子之一。它既具有树状大分子的共性，又有自身特色：精确的分子结构、大量的表面官能团、分子内存在空腔、相对分子质量可控、纳米级分子尺寸、高代数分子呈球状等，其分子结构如图 1 - 3 所示。由图 1 - 3 可见，PAMAM 树状分子中含有大量的含 N 的官能团（伯胺、仲胺、叔胺、酰胺），一层一层有规律地排列，其中整代最外层基团为—NHCH₂CH₂NH₂，半代最外层基团为—COOCH₃。PAMAM 的结构特点使其具有良好的相容性、独特的流体力学性能、易修饰性及溶液黏度低等优点。

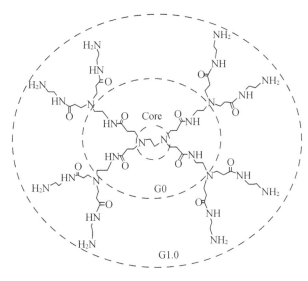

图 1 - 3　PAMAM 分子结构示意图

　　由于 PAMAM 树状分子结构的特殊性，其合成方法与普通的线形大分子的合成方法不同。合成的关键在于采取适当的方法，精确控制分子链在空间的生长。PAMAM 树状分子的合成目前存在的主要问题是过程复杂、效率低、多数品种难以得到大量样品。1985 年，Tomalia 等首先报道了用发散法合成 PAMAM 树状分子，即以氨为核，通过加成反应并进行氨解，重复上述过程从而得到不同代数的 PAMAM。目前，我国的研究者对发散法研究得比较多，而对应用收敛法和发散收敛结合法合成 PAMAM 树状分子的研究很少。王俊等采用发散法，通过丙烯酸甲酯和乙二胺进行 Michael 加成和酰胺化缩合反应，合成了以乙二胺为核、不同代数的 PAMAM 树状分子。尽管 PAMAM 的工业化生产存在各种各样的问题，但是对于合成低代数的 PAMAM，完全可以采取"一锅法"进行生产，生产操作易于控制，成本也较低。

　　目前，应用发散法合成 PAMAM 树状分子的关键是研究出更加快速、有效的分离和纯化手段，以尽快实现 PAMAM 的工业化量产。

1.5.2　PAMAM 在膜制备领域的应用

　　目前，国内外关于以树状分子制备分离膜的研究并不多。Willem 等制备了以聚丙烯亚胺（PPI）树状分子和 TMC 反应的纳滤膜，然而 PPI 树状分子的制备存在合成成本高、操作压力大且产率低等一系列问题,使得 PPI 制备纳滤膜存在严重的原料来源不足问题,不宜工业推广。相反,PAMAM 分子可以在常温常压下合成,在化学结构及物理性能上与 PPI 具有一定的相似性,使用 PAMAM 分子制备新颖的具有特殊性能的纳滤膜在未来会是一种值得关注的新方法。

近年来,一些文献中描述了 PAMAM 在分离膜制备及应用方面的研究,包括使用 PAMAM 支撑的 UF 膜以提高超滤膜的性能;PAMAM 树状分子对 PA 纳滤膜引发了交联改性以增强 CO_2 的渗透性能;用 PAMAM 作液膜以提高 CO_2 的分离性能;以及利用 PAMAM 作为单体与壳聚糖原位聚合以改进 UF 膜的性能,提高 N_2 与 CO_2 气体的分离选择性。此外,接枝 PAMAM 及聚丙烯酸在负载金的硅晶片上来制备 pH - 开关改性电极,以探索阳离子和阴离子均能进行氧化还原反应的分子。

前面介绍了 PAMAM 在超滤膜中的应用。目前,将树状分子用于纳滤膜制备领域的相关研究还很少见。Li 等以聚醚酮作为超滤支撑膜,并以 PAMAM 和 TMC 为单体,在研究过程中保持水相单体的浓度远远大于有机相纳滤膜单体的浓度,制备了表面荷正电的具有较高分离性能的纳滤膜。许晓熊以 PAMAM 为单体进行了纳滤膜合成方面的研究。邓慧宇等以 PAMAM 为水相单体,与均苯三甲酰氯(TMC)发生界面聚合反应制备了具有较高脱盐率的纳滤膜,并进行了一系列的表征。同时,邓慧宇等分别以 2,5 - 二氨基苯磺酸(2,5 - DABSA)、间苯二胺(MPDA)、树状聚合物 PAMAM(G0)为原料,分别与 TMC 反应制备纳滤膜,结果表明,反应活性高的单体有利于形成表面致密的分离层,且提高了膜表面的电性以增强其分离性能。

PAMAM(G0)与 TMC 的界面聚合反应路线如图 1 - 4 所示。由图 1 - 4 可见,PAMAM 分子表面的端氨基与酰氯基团反应,生成 PA 基团,并形成高度交联的结构,即在超滤膜表面生成纳滤皮层。

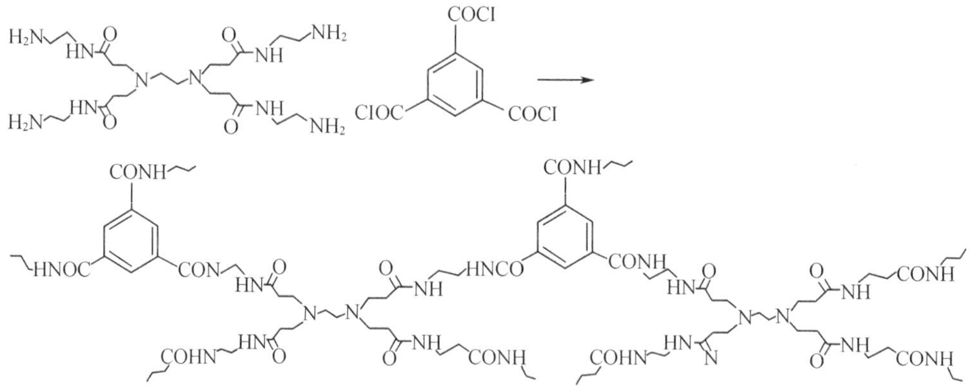

图 1 - 4   PAMAM(G0)与 TMC 的界面聚合反应路线

PAMAM 作为纳滤膜的制备单体时,其主要特点如下:

(1)整代的 PAMAM 树状分子带有端氨基,在通过界面聚合法制备纳滤膜的过程中,PAMAM 作为水相单体可以提供较多的反应官能团。

(2)随着代数的增加,PAMAM 分子表面的端氨基个数成倍增加,因此可以提高聚酰胺纳滤膜皮层结构的交联度。

(3)PAMAM 分子具有球状对称三维结构,以及分子内和分子间不发生链缠结的结构特点,因此这类物质具有黏度低、活性高、可控制的表面基团及化学稳定性等性质,因此可以形成具有一定特色的超薄膜。树状大分子形成单膜的一大优点是厚度可控。

(4)由于其独特的中空结构,PAMAM 特别适合作金属纳米粒子的载体,从而改变和修饰纳滤膜的性能。

目前关于 PAMAM 分子制备纳滤膜的研究,主要是其制备过程并得到表面荷正电的纳滤膜。而对于进一步开发 PAMAM 分子的特有性质,以制备性能优异的纳滤膜的研究还远远不够。基于 PAMAM 分子的特殊性,预测由 PAMAM 制备的纳滤膜具有以下特殊性能:

(1)PAMAM 分子具有不同于芳香胺类的脂肪胺结构,故所制备的 PA 纳滤膜中的酰胺基团将不会受到活性氯的攻击。研究表明,一些脂肪胺制备的纳滤膜在活性氯的作用下,仍然引起性能下降,但由 PAMAM 制备的纳滤膜在活性氯的作用下,膜的表面结构、分离性能的变化等规律还处于未知阶段。

(2)PAMAM 分子的代数越高,则分子中存在的过剩胺基基团越多,因此在 PAMAM 单体远远过量的情况下制备的纳滤膜将具有正电性能。相反,若 TMC 单体过量,以及改变制备条件,纳滤膜的表面带电性将发生改变。因此,采用不同代数单体,以及在纳滤膜制备过程中调整制备条件,从而对纳滤膜的表面电性进行调节具有一定的研究意义。

1.6　主要研究内容

膜技术被誉为"21 世纪的水处理技术",而纳滤作为膜分离技术中的一个分支,加强对纳滤膜制备材料、制备工艺及参数、分离性能与分离机理、应用领域等的相关研究与探索,对提高我国膜技术的理论水平,推动我国纳滤膜工业化生产的进程,促进纳滤技术与其他分离技术更好地结合,更好地治理环境及合理开发利用水资源,均具有重要的理论价值和实际意义。

由纳滤膜的分离机理可以知道,纳滤膜的荷电性能对盐离子的截留能力起到至关重要的作用。由于目前商品纳滤膜多由界面聚合技术制备,因此商品纳滤膜多为荷负电膜,而对于荷正电膜的研究相对滞后。而工业生产中,比如海水淡化前脱钙、镁离子,蛋白质的吸附和分离等场合,正电膜的去除效果更为明显。同时,PA 纳滤膜的耐氯性能较差,这给纳滤的实际应用提出了较为苛刻的要求。因此,尽快加强高质量、新特性的新型纳滤膜材料的开发,制备高通量、抗污染、耐氯性能好且荷电性不同的纳滤膜,以适应不同的分离目的,对纳滤膜的研究具有重要意义。

PAMAM 是一种理想的成膜材料,已用于超滤膜和气体分离膜的制备,在纳滤膜的制备方面的研究还很少,且研究内容不够深入。由于 PAMAM 具有独特的树状分子结构,分子中具有大量的胺基基团,改变界面聚合制备条件,使纳滤膜的表面电性调节成为可能。另外,由于其具有高度支化的开链结构,由 PAMAM 制备生成的 PA 分子不易受到游离氯的攻击,从而提高了其耐氯性能。另外,利用该树状分子特有的空腔结构,在纳滤活性皮层中实现无机纳米 SiO_2 粒子的包埋,以制备有机 – 无机杂化纳滤膜,使其亲水性能、热性能及机械性能均得到提高,并以油田三次采油废水的安全回用为处理目的,考察了添加纳米 SiO_2 粒子前后所制备的两种纳滤膜对采油废水的处理效能。

以上内容的研究,对于促进纳滤膜制备材料的开发,探索影响纳滤膜性能的主要因素和纳滤膜分离性能的主要调控手段,从分子水平阐明膜材料和制备条件对纳滤膜总体性能的规律,对于完善纳滤膜制备的相应理论,探索纳滤膜对不同物质的分离效果和分离机理,实现采油废水处理后的安全排放,以及加强废水资源的回收利用具有重要意义,为纳滤膜在油田采油废水中的应用提供了理论基础和技术支持。

本书从优化纳滤膜的制备单体出发,采取具有高度支化结构的PAMAM树状分子为单体制备纳滤膜,并对制备的纳米SiO_2有机–无机杂化纳滤膜进行红外光谱分析、扫描电子显微镜分析、原子力显微镜分析等一系列表征。最后将上述制备的纳滤膜用于油田三次采油废水的深度处理,讨论纳滤膜对采油废水的分离效果及膜污染和清洗规律。主要研究内容如下:

1. 纳滤膜的制备

纳滤膜的制备主要包括PA纳滤膜制备和含纳米SiO_2有机–无机杂化纳滤膜的制备。PA纳滤膜制备过程主要研究了制膜条件(如水相单体浓度、有机相单体浓度、热处理温度等参数)对纳滤膜性能的影响,通过正交实验法对纳滤膜制备条件进行了优化,从而制备了以不同代数PAMAM为单体的纳滤膜。有机–无机杂化纳滤膜制备过程中,首先优化了纳米SiO_2与不同代数的PAMAM溶液相混合的分散条件,并通过界面聚合技术制备不同代数PAMAM单体、不同SiO_2含量的有机–无机杂化纳滤膜。

2. 纳滤膜的表征

利用场发射扫描电子显微镜(FESEM)、红外光谱(FTIR–ATR)、X射线光电子能谱(XPS)等现代分析手段,对上述制备纳滤膜的表面和微观形貌、化学组成和表面荷电性能等进行了表征,进而研究PAMAM的代数及浓度、纳米粒子添加量等制备条件与纳滤膜性能之间的关系。

3. 纳滤膜的性能评价

对于原膜,主要研究操作压力、进料浓度对复合膜渗透分离性能的影响;讨论制备表面不同荷电性能纳滤膜的方法;与商品纳滤膜NF270对比,研究了本课题开发的纳滤膜的耐氯性能。对于有机–无机杂化纳滤膜,主要讨论SiO_2的加入引起纳滤膜的渗透和分离性能及孔径的变化趋势;研究酸碱度对PA–SiO_2纳滤膜在通量和盐截留能力的影响;通过对过滤前后PA–SiO_2纳滤膜表面元素进行分析,讨论SiO_2在膜表面的稳定性;最后研究PA–SiO_2纳滤膜对不同种类盐的渗透分离性能。

4. 纳滤膜处理三次采油废水

将上述制备的PA纳滤膜和PA–SiO_2纳滤膜用于油田采油废水的深度处理,并与商品纳滤膜NF270进行对比研究。主要考察压力、浓缩倍数、温度等操作条件对纳滤膜透水性能的影响,进而研究纳滤膜处理采油废水的盐截留能力,以及对采油废水中有机物的处理效果等。

5. 膜污染和清洗

研究PA纳滤膜和PA–SiO_2纳滤膜处理采油废水后膜表面的微观特征,并对表面污染物进行物质成分分析,确定引起膜污染的主要物质。通过采取酸洗、碱洗和次氯酸钠清洗等不同的清洗方案,研究清洗后纳滤膜表面的微观形态和清水通量恢复情况,以及清洗后纳滤膜处理采油废水时的通量和盐截留性能,最终确定较优的清洗方案。

第 2 章　纳滤膜的制备与表征

2.1　引　　言

界面聚合是商品纳滤膜的主要生产方法,其原理是在含有水相和有机相单体的两相界面生成致密的薄层高分子缩聚物,当以胺类与酰氯作为聚合单体,在界面聚合时会在水相与有机相界面形成超薄的 PA 层,且新形成的界面可以阻碍水相与有机相进一步接触,从而使反应自然停止,即具有自抑性。界面聚合反应主要具有如下特点:

(1)两相单体不需按严格的物质的量之比加入;

(2)高分子量聚合物的生成与总转化率无关;

(3)界面聚合反应速率一般受单体的扩散控制。

纳滤膜的性能与纳滤皮层的结构密切相关,而聚合反应单体的选择及反应条件的控制对纳滤膜皮层的厚度、致密度等有影响,且决定了纳滤膜的总体性能。因此,制膜条件的改变是决定纳滤膜性能的关键。在复合膜制备过程中,基膜性质、水相和有机相单体浓度、聚合反应时间、热处理温度等因素对纳滤膜性能均具有重要影响。

本章以聚砜超滤膜作为基膜,以 PAMAM(G0)为水相单体与 TMC 反应制备纳滤膜,首先以 PAMAM(G0)为反应单体进行单因素实验,研究水相单体浓度、有机相单体浓度、界面聚合时间、热处理温度等制备条件对纳滤膜性能的影响;在此基础上安排正交实验,优化纳滤膜的制备条件;另外,还以代数为 G1.0 和 G2.0 的 PAMAM 树状分子为水相单体制备纳滤膜,并对上述纳滤膜进行表征并进行性能研究;介绍了以不同代数树状 PAMAM 与 TMC 为单体制备纳滤膜时所需的实验材料及实验装置,以纳米 SiO$_2$ 粒子作为添加剂制备有机 – 无机杂化纳滤膜时所需的实验材料和方法;同时简要介绍了纳滤膜性能测试时的装置及测试方法,以及对膜表征时的表面 Zeta 电位分析、红外光谱分析、场发射扫描电子显微镜分析、原子力显微镜分析等进行了简要介绍。

2.2　纳滤膜的制备方法

本研究制备两种类型的纳滤膜:一种是以聚砜超滤膜为支撑膜,以不同代数的树状分子 PAMAM 为水相单体,与 TMC 有机相在相界面处发生聚合反应制备的纳滤膜;另外一种则是在上述纳滤膜的皮层里,添加无机纳米 SiO$_2$ 粒子制备的有机 – 无机杂化纳滤膜。

2.2.1　以 PAMAM 为单体的纳滤膜制备

纳滤膜主要是以 PAMAM 树状分子为水相单体,以 TMC 为有机相单体,通过界面聚合方法制备的。首先按照实验设计中 PAMAM 单体在水中的浓度,取一定质量的代数为 G0、G1.0 和 G2.0 的 PAMAM 试剂溶于超纯水溶液中。将无纺布支撑的聚砜超滤底膜在浓度为 0.05% ～2%(质量分数,下同)的 PAMAM 水溶液中浸渍 1～10 min,取出后用干净的辊轮吸干膜表面多余的水分,浸入到浓度为 0.05% ～0.2%(质量分数,下同)的 TMC 的正己烷溶液中反应一定时间,取出后在空气中晾干 1～3 min,然后将其放入电热恒温干燥箱中进行热处理。取出复合膜,用大量的去离子水洗去其表面未反应的单体和溶剂,并将其保存于去离子水中以备测试。

基膜在水相中的浸渍时间等会影响纳滤膜的总体性能,但是对于聚砜膜来说,过短的浸渍时间会使基膜中的水相含量不够,不能在超滤膜表面生成均匀的活性层;过长的浸渍时间会使膜孔内部吸附过多的水相而使生成的活性层变厚。而界面聚合反应的目的是在聚砜膜表面形成一超薄的脱盐层,所以水相处理时间以保证聚砜基膜表面均匀附着一薄层水相为宜。因此,根据环国兰等人的研究,本实验将水相处理时间固定为 5 min。

2.2.2　有机 – 无机杂化纳滤膜的制备

本书主要介绍了在纳滤膜的活性层中混杂纳米 SiO_2 粒子的有机 – 无机杂化纳滤膜的制备过程。由于实验所用纳米 SiO_2 粒子的比表面积为 200 m^2/g,粒径约为 15 nm,因此有必要先将其溶解于去离子水中,具体过程如下:

1. SiO_2 水溶胶制备过程

纳米 SiO_2 粒子具有较高的比表面自由能,因此纳米 SiO_2 粒子在水溶液中很容易发生团聚现象。为克服这一现象的产生,参照前人的研究方法制备 SiO_2 分散液,即在制备过程中考察了加入适量的表面活性剂 SDS 以提高纳米 SiO_2 粒子在溶液中的分散性能。

首先配制一定浓度的 PAMAM(G0 ～G2.0)水溶液。称取一定量的 SiO_2 粒子加入 100 mL 含有 2%(质量分数,下同)SDS 的 PAMAM 水溶液中,经过约 1 h 的强力搅拌,以及 0.5 h 频率为 40 kHz 的超声波分散,得到了均匀一致并澄清透明的分散液。SDS 表面上有大量的疏水基团(烷基链)和亲水基团(磺酸基团),属于阴离子表面活性剂,在溶液乳化过程中得到了广泛的应用,此处加入 SDS 表面活性剂可以提高纳米 SiO_2 粒子的分散性能。另外,在膜内部引入阴离子表面活性剂 SDS,由于在 SDS 表面上有大量的疏水和亲水基团,还有助于在皮层和纳滤膜的基膜之间提高所制备的纳滤膜与基膜之间的结合强度。

2. 有机 – 无机杂化纳滤膜制备过程

按照前述 SiO_2 水溶胶制备过程中的方法,根据实验设计配制不同代数和不同 PAMAM 含量的含纳米 SiO_2 的水溶液,将聚砜支撑膜浸入上述水相溶液中约 5 min,将膜取出并吸去表面多余水分,然后将该超滤膜送到 0.3% 的 TMC 溶液中,从而在 PSF 上形成 PA 中含有纳米 SiO_2 的纳滤膜。由于在界面聚合时,SiO_2 存在于水相单体中,因此 SiO_2 最终被包埋于纳滤皮层结构中,其结构如图 2 – 1 所示。复合膜随后在 80 ℃稳定一段时间,使反应完全终止。纳滤膜用超纯水彻底清洗后保存于去离子水中,然后进行膜性能评价实验。

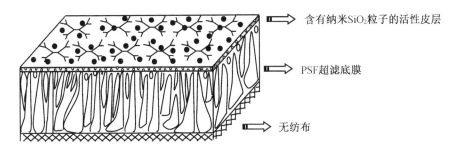

含有纳米SiO₂粒子的活性皮层

PSF超滤底膜

无纺布

图 2 - 1　复合纳滤膜的结构示意图

2.3　纳滤膜性能评价装置及操作

2.3.1　死端纳滤膜性能评价装置

图 2 - 2 是死端纳滤膜性能评价装置示意图和实际装置图。死端纳滤膜性能评价装置的最大操作压力为 0.6 MPa。实验过程中主要将其用于新制备纳滤膜的性能评价。为便于将测定结果与商业纳滤膜的性质及文献上的实验结果进行对照,一般将其操作压力设定为 0.5 MPa。新膜的性能测试主要包括测超纯水的通量及对无机盐(主要是 1000 mg/L 的 Na_2SO_4)的截留率。

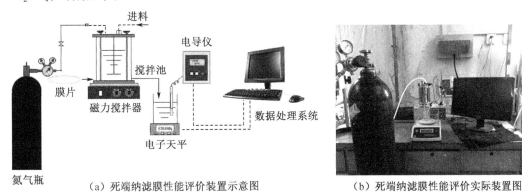

（a）死端纳滤膜性能评价装置示意图　　　　（b）死端纳滤膜性能评价实际装置图

图 2 - 2　死端纳滤膜性能评价装置图

该系统主要包括:高压纯氮驱动设备;超滤杯（XFUF07601,美国）,有效容积 300 mL,内径 76 mm,有效过滤面积 0.04 m^2;数据采集设备。过滤实验前取制备好的纳滤膜片放于超滤杯中,在 0.6 MPa 压力下预压 30 min,消除膜体的压实效应。

2.3.2　死端纳滤装置操作

从去离子水中取出纳滤膜样品,将其正面向上夹于图 2 - 2 所示实验装置的纳滤膜池中,向搅拌池中注入 200 mL 去离子水,将装置上方螺栓固定后,打开氮气钢瓶的减压阀,在

0.6 MPa 下预压 30 min(除特别说明,以后各章节所用实验均在 0.6 MPa 下预压 30 min 后开始测量)以消除膜体压实效应。

调整装置压力为 0.5 MPa,将渗透液收集在烧杯中,测定单位时间内的流出体积,用于计算纳滤膜的纯水通量。然后,将上述装置中剩余的去离子水倒出,向搅拌池中注入 200 mL 一定浓度的盐溶液,如 1000 mg/L 的 Na_2SO_4,仍保持膜室压力在 0.5 MPa,过滤 10 min 后,使用电导率仪测定收集的渗透液的电导率,比较原料液与滤出液的电导率值,用于计算纳滤膜的盐截留能力。测定其他物质,如有机物 PEG600 的通量和截留率,其过程参照以上步骤进行。

2.4　纳滤膜的性能测定

2.4.1　性能参数测定方法

纳滤膜的性能主要是指其渗透性能,以及对盐类和有机物的截留性能,即膜的通量及截留率。不同纳滤过程的具体性能参数计算如下:

将新制备的纳滤膜剪成直径为 76 mm 的圆形,用去离子水洗净后,将其活性层表面向上置于膜池中。在图 2 - 2 所示死端纳滤膜性能评价装置中加入去离子水后,在室温 0.6 MPa 下预压 30 min,然后在 0.5 MPa 下测试膜的通量和截留率,分别按下式计算:

$$J = \frac{V}{A \cdot \Delta t} \tag{2-1}$$

式中　J——膜通量,L/(m² · h);

　　　V——透水体积,L;

　　　A——有效过滤面积,m²;

　　　Δt——过滤时间,h。

$$R = \frac{C_f - C_P}{C_f} \times 100\% \tag{2-2}$$

式中　R——截留率,%;

　　　C_f——测试液体渗透前的浓度(mg/L)或电导率值(μS/cm);

　　　C_p——测试液体渗透后的浓度(mg/L)或电导率值(μS/cm)。

测试盐溶液的截留效果时,使用电导率仪测定盐溶液(如 Na_2SO_4)过滤前后的电导率值并代入计算。测试有机物(如 PEG1000)的截留率时,使用 TOC 分析仪测定有机物的浓度,或者将溶液的 COD 值代入公式,分别加以计算。一般而言,若未另加说明,纳滤膜的截留能力性能测试均采用 1000 mg/L 的 Na_2SO_4 作为测试液体,压力为 0.5 MPa。

2.4.2　切割分子量测定

切割分子量是使用相对分子质量大小表示的纳滤膜的截留性能。因为直接测定纳滤膜的孔径相当困难,所以使用已知相对分子质量的球状物质进行测定。如膜对被截留物质的截留率大于90%时,就用被截留物质的相对分子质量表示膜的截留性能,称为膜的切割分子量。实际上,所使用的物质并非绝对的球形,由于实验条件的限制,所测定的截留率也有一定的误差,所以切割分子量不能绝对表示膜的分离性能。

本实验过程中,采取非带电有机物,包括以不同相对分子质量的聚乙二醇、葡萄糖和蔗糖作为测试液体,PEG 的相对分子质量为 200 ~ 1500 Da。通过在一定压力(通常为0.5 MPa)下测定纳滤膜对不同相对分子质量有机物的截留率,并通过做出有机物截留率和相对分子质量之间的对应关系曲线,判断膜对有机物截留率为90%时所对应有机物的相对分子质量,即为该纳滤膜的切割分子量。

上述测试过程中,原料及渗透液中有机物的浓度可用 TOC 分析仪进行测定,截留率 R 的计算参见式(2 - 2)。

2.4.3　膜的孔径分析

Bowen 等和 Scheap 等提出了运用 DSPM 模型计算膜孔径的相关理论。用该模型计算首先进行如下几点假设:

(1)膜孔径均一且为 r_p,膜孔长度是 Δx(且 $\Delta x \gg r_p$);

(2)膜表面的电荷密度(X)是常数;

(3)离子和中性溶质的大小以斯托克斯半径(r_S)表示,通过计算扩散系数(D_i)并用 Stokes – Einstein 方程计算出来:

$$r_S = kT/(6\pi\eta D_i) \qquad (2-3)$$

(4)孔内的体积流量的计算是依据具有抛物线形状的 Hagen-Poiseuille 方程进行计算的。

本研究中使用不同相对分子质量的有机物,包括葡萄糖、蔗糖、聚乙二醇(相对分子质量为 200 Da、400 Da、600 Da、1000 Da 和 1500 Da 等),料液浓度是 1000 mg/L,采用如图 2 - 2 所示装置进行不同压力下的过滤实验,分别测定膜透过液中的有机物含量。进料和渗透液出口的有机物浓度均用 TOC 分析仪进行测定。依照所列方程,通过 Matlab 软件进行模拟计算。

2.4.4　膜表面物理化学性质分析

1. 亲水性分析

接触角(CA)是材料表面润湿性能的重要参数之一,通过接触角的测量可以获得材料表面固 – 液、固 – 气界面的性质。材料的亲水性能和疏水性能都可以通过接触角来反映。

采用接触角测定仪(DSA10,美国,针尖1.5 mm)测定膜与超纯水的接触角,以考察纳米颗粒的加入对膜亲水性能的改善情况,测定流程如下:

（1）将膜样品固定在洁净的载玻片上，且将四角压平。

（2）调焦。将进样器或微量注射器固定在水平铺设膜片的载物台上方，调整摄像头焦距到 2～2.5 倍，旋转摄像头底座后面的旋钮，调节摄像头到载物台的距离，使得图像显示最清晰。

（3）加样。通过采样旋钮抽取纯水 1.0 μL，可以从活动图像中看到进样器下端出现一个清晰的小液滴。

（4）接样。旋转载物台底座的旋钮使得载物台慢慢上升，触碰悬挂在进样器下端的液滴后下降，使液滴留在固体平面上。

（5）冻图。点击界面右上角的【冻结图像】按钮将画面固定，并将图像保存在文件夹中，冻结图像的时间应控制在接样的 10～20 s。

（6）量角。利用量角系统打开所存冻图，通过一个由两直线交叉 45° 组成的测量尺，并调节测量尺的位置，使测量尺与液滴边缘相切，再下移测量尺使交叉点到液滴顶端，最后使其与液滴左端相交，即得到接触角的数值。采取悬滴法并运用椭圆拟合法模拟液滴的形态（1.0 μL），同时，使测量尺与液滴右端相交，此时应用 180° 减去所见的数值即为正确的接触角数据，最后求两者的平均值。最终的接触角是膜片上不同位置检测的三个接触角的平均值。

2. 表面 Zeta 电位分析

Zeta 电位又叫作电动电位或电动电势（ζ 电位），由于分散粒子表面带有电荷而吸引周围的带有相反电荷的离子，这些被吸引的离子在两相界面呈扩散状态分布而形成扩散双电层。在外电场的作用下，分散粒子外部的稳定层与扩散层发生相对移动时的滑动面即是剪切面，该处对远离界面的流体中的某点的电位称为 Zeta 电位，即 Zeta 电位是连续相与附着在分散粒子上的流体稳定层之间的电势差。

本研究中首先需要对膜表面的电位进行测量。采用固体表面电位分析仪（Surpass，奥地利）对所制备的纳滤膜片的表面电位进行电位分析，测试采用不同测试介质（各种盐类及不同浓度下）纳滤膜的表面电位，进行等电点的测试等。膜表面电位在 Surpass 中的可调间距样品槽中完成，样品被切割成 55 mm×25 mm 的长条固定在检测板上，流动介质是 KCl 溶液（0.001 mol/L）或者 Na_2SO_4 溶液等盐类被测介质。

另外，还需要对 SiO_2 水溶胶中纳米粒子的大小进行测量。实验中采用 Zeta 电位仪（MALVERN Zeta 2600，英国）对 SiO_2 水溶胶进行了电位分析，以考察不同制备条件下粒子的分散特性，从而优化最佳的分散条件。

3. 红外光谱（FTIR - ATR）分析

红外光谱分析主要应用于对膜本体中所含有的有机物及部分无机物的化学结构进行分析。由于物质中以化学键结合的各种基团（如 C=C，N=C，C=O，H—O，N—H）的伸缩、振动、弯曲等运动都有其固定振动频率，当分子受到红外线照射时会被激发而产生共振，同时光的能量一部分被吸收，测量其吸收峰可得到极为复杂的光谱，表示被测物质的特征。可以根据光谱中吸收峰的位置和形状来推断未知物的结构。

本研究使用美国 Perkin Elmer 公司的 Spectrum One B 傅里叶变换红外光谱仪进行分析，采用衰减全反射（attenuated total reflectance，ATR）模式对膜片官能团与有机物化学键的官能团进行分析。测量的波长范围为 4000～400 cm^{-1}，分辨率为 0.1 cm^{-1}。不同物质在近红外区域都有丰富的吸收峰，通过观察特定波长处的波形判断膜片与污染物间的结合性能,从而推断出污染过程推动力的物理、化学特征。

4. X 射线光电子能谱(XPS)分析

X 射线光电子能谱是一种表面分析技术,将一定能量的 X 光照射到样品表面,与待测物质发生作用,可以使待测物质原子中的电子脱离原子成为自由电子,通过计算可得到固体样品电子的结合能。由于各种原子、分子的轨道电子结合能是一定的,因此通过对样品产生的光子能量的测定,就可以了解样品中元素的组成。

本研究中使用美国物理电子公司的 PHI 5700 ESCA System X 射线光电子能谱分析,采用 Al – Ka X 射线光源($h_v = 1\ 486.6\ \mathrm{eV}$),宽范围扫描采用的通能为 187.85 eV,窄范围扫描采用的通能为 29.35 eV,膜表面各原子的含量通过储存于仪器中各元素的敏感参数数据所对应的标准峰面积计算。样品在测试前需要在恒温干燥箱中 60 ℃下干燥 12 h 以去除样品中的水分,避免在测试时损坏仪器。

2.4.5　膜的微观形貌观测方法

1. 场发射扫描电子显微镜(FESEM)分析

场发射扫描电子显微镜是一种利用电子束扫描样品表面,从而获得样品信息的电子显微镜。它是了解膜表面微观结构的有效手段,为过程研究和机理分析提供依据。本书中对超滤膜基膜和所制备纳滤膜的微观结构进行观察,使用荷兰 FEI 公司 QUANTA 200 FEG MK2 场发射扫描电子显微镜,样品处理方法如下:

(1)样品干燥。将准备测定的膜片样品小心放入滤纸等包成的小盒内,在干燥器内干燥至少 24 h。

(2)断面处理。膜片样品在进行断面观察时,将膜片置于液氮中进行低温脆断,并尽量避免膜片断面结构发生改变。

(3)粘样与喷金。将膜片样品使用导电胶粘贴在扫描电子显微镜专用单晶硅台(或者纯度较高的铝片)上,观察面朝上,用 IB – 5(Giko)型离子溅射镀膜仪在样品上喷金 5 ~ 10 min,处理过程中保证膜表面未被触碰。

(4)镜检。将喷金后的膜片样品置于场发射扫描电子显微镜下进行观察,并选取代表区域拍照。

2. 原子力显微镜(AFM)分析

原子力显微镜分析是观察膜表面形态的另一种重要手段。它很好地克服了扫描电子显微镜的不足,主要表现在:AFM 无须对样品进行预处理,且可以在空气或溶液中进行分析,在亚纳米级范围内产生高分辨率 3D 图形,这吸引了许多学者利用 AFM 来获得膜的表面信息。一般来说,AFM 的扫描方式有触摸式、非触摸式和轻敲式三种。该设备软件以坐标数据矩阵储存图像,直接给出了膜的表面特征参数,如表面粗糙度、峰与谷间的距离,以及对膜表面区域分析所获得的平均高度等。

原子力显微镜的测量原理是,将一个对微弱力极敏感的微悬臂一端固定,另一端有一微小的针尖,针尖与样品表面轻轻接触,由于针尖尖端原子与样品表面原子间存在极微弱的排斥力,在扫描时控制这种力的恒定,带有针尖的微悬臂将对应于针尖与样品表面原子间作用力的等位面而在垂直于样品的表面方向起伏运动,利用光学检测法或隧道电流检测法得到相应的信息。

本次实验中采用美国 Veeco 公司 Bioscope 原子力显微镜分析膜表面的形态及测定其表面粗糙度等。样品用双面胶固定在样品板上,采取轻敲方式进行扫描,且扫描面积是 $2~\mu m \times 2~\mu m$。

2.4.6 热解重量分析(TG 或 TGA)

热解重量分析,是指在程序控制温度下测量待测样品的质量与温度变化关系的一种热分析技术,用来研究材料的热稳定性和组分。TGA 在研发和质量控制方面都是比较常用的检测手段。

本研究采用德国耐驰公司型号为 ST449 TG/DSC 的热解重量分析仪对膜的热稳定性进行分析。取约 10 mg 样品,在氮气氛中,温度范围 $30 \sim 1000~℃$,加热速率 $10~℃ \cdot min^{-1}$ 下进行扫描。记录相关热容转换的初始和中间温度。

2.4.7 机械强度测试(MS)

材料机械强度指材料受外力作用时,其单位面积上所能承受的最大负荷,一般用抗弯(抗折)强度、抗拉(抗张)强度、抗压强度、抗冲击强度等来表示。通过对膜材料的机械强度进行测试,可了解不同种类材料在机械强度方面的差异。

本研究采用拉伸强度来表示材料的机械强度,即指试样在拉伸过程中,在拉断时所承受的最大力(F_b)除以试样原横截面积(S_0)所得的应力(σ),也称为抗拉强度(σ_b),单位为 N/mm^2(MPa),它表示金属材料在拉力作用下抵抗破坏的最大能力。膜强度是通过测定其拉伸强度及膜片的断裂伸长率($1~cm \times 10~cm$)来表示其机械强度的。

本研究中所有的测试都是在中国南通三思电子公司 YG020B 电子单纱强度仪上进行的,是在步进电机速度 $20~mm \cdot min^{-1}$,夹紧长度 50 mm,线性密度 16 dtex 的条件下测试的。检测结果取三次测试值的平均值。

第3章 纳滤过程实验设计与分析

3.1 引 言

纳滤膜的性能评价,在纳滤膜制备阶段,一般采用死端纳滤装置测试其通量和对某些固定浓度的盐溶液(如 1000 mg/L 的 Na_2SO_4)的截留率;在实际应用阶段,由于死端过滤装置极易引起膜孔的堵塞,通量衰减迅速,膜污染严重,因此还需要进一步采用工业上常见的实际在线错流装置进行模拟废水和实际废水的分离过程。本章主要介绍纳滤膜在采油废水配水和实际废水处理过程中的实验装置、操作过程和分析方法等。

3.2 纳 滤 实 验

3.2.1 膜与膜组件

书中所有的研究均采用实验室自制的基于 PAMAM(G1.0)树状分子的纳滤膜原膜,以及在上述纳滤膜基础上掺杂纳米 SiO_2 粒子的有机 – 无机杂化膜,对比考察无机改性前后纳滤膜处理油田采出水的分离效能和膜污染规律。

另外,为了考察课题研究中所制备的两种纳滤膜的性能,采用美国 DOW 公司开发的 NF270 进行对比研究,其性能参数列于表 3 – 1 中。由表 3 – 1 可见,NF270 是哌嗪类与酰氯反应生成的具有半芳烃结构的聚酰胺,其接触角是 42.7°,表明它具有较好的亲水性能;其表面粗糙度是(9.0 ± 4.2)nm,表面比较光滑;另外,在 0.345 MPa 压力下,对 NaCl 的截留率是 80%,而对 $MgSO_4$ 的截留率是 99.3%,表明 NF270 是具有中等脱盐率和硬度透过率的纳滤膜,其切割分子量为 200 ~ 400 Da,对有机物有较高的脱除能力。

表 3 – 1 NF270 的性能参数

项目	参数值	项目	参数值
材质类型	哌嗪	Zeta 电位/mV	– 32.6
接触角/(°)	42.7	粗糙度/nm	9.0 ± 4.2
MWCO/Da	200 ~ 400	截留率/%	NaCl:80;$MgSO_4$:99.3

3.2.2 三次采油废水与料液的配置

课题组前期研究表明,油田三次采油废水经超滤处理后,其中主要的物质为矿物质盐类,同时含有少量的油类,其含量为 0.3 ~ 0.4 mg/L,聚丙烯酰胺(APAM)的含量为 0.2 ~ 0.5 mg/L,SDS 的含量为 0.8 mg/L,其中矿物质的含量为 4000 ~ 6000 mg/L。因此,在实验中采用大庆油田采油五厂提供的阴离子型 APAM、原油及乳化剂,并依据其含盐的种类及含量等进行料液配制。

主要实验试剂见表 3 - 2。

表 3 - 2 主要实验试剂表

试剂名称	规格	生产厂家
聚乙二醇(相对分子质量 200 ~ 1500 Da)	分析纯	国药集团化学试剂有限公司
无水硫酸钠(Na_2SO_4)	分析纯	国药集团化学试剂有限公司
六水硫酸镁($MgSO_4 \cdot 6H_2O$)	分析纯	国药集团化学试剂有限公司
六水氯化镁($MgCl_2 \cdot 6H_2O$)	分析纯	国药集团化学试剂有限公司
氯化钠($NaCl$)	分析纯	国药集团化学试剂有限公司
蔗糖	分析纯	天津基准化学试剂有限公司
葡萄糖	分析纯	天津基准化学试剂有限公司
次氯酸钠(有效氯的质量分数为 7.5%)	分析纯	阿拉丁公司

1. APAM 母液的配置

实验所用阴离子型 APAM 取自大庆油田采油五厂,相对分子质量为 6.88×10^6 Da。取 2.5 g APAM 溶于 500 mL 容量瓶中,制备 5000 mg/L 的 APAM 母液,陈化 24 h,待用。

2. 乳化废水(O/W)母液的配置

取大庆油田采油五厂经电脱水器输出含水率小于 0.5% 的原油 400 mg、表面活性剂(SDS,化学纯)0 ~ 20 mg,去离子水 1 L,置于 353 K 的高速磁力搅拌器上搅拌 6 h,制得含油量为 400 mg/L 的乳化液母液,粒径 0.1 ~ 0.6 μm,平均粒径 0.35 μm。存放于 308 K 的恒温箱中保存,一周后粒径 0.2 ~ 0.8 μm,稳定性良好。有报道指出,当乳化废水粒径小于 10 μm 时,即为油的乳化状态,此时,传统混凝沉淀 - 过滤等方法很难将其从水中分离。

3. 采油废水的配制

取上述配制的 APAM 母液 0.1 mL、乳化废水(O/W)母液 1.25 mL 加入 1 L 去离子水中,混合搅拌并经过超声分散 0.5 h 后,在上述制备的溶液中加入总含量为 6000 mg/L 的盐类,主要包括:4.274 g $MgCl_2 \cdot 6H_2O$,2 g 无水 $CaCl_2$,2 g NaCl。根据实验设计中对 SDS 含量的要求,可以向上述溶液中补加一定量的 SDS,混匀,并再次超声分散 0.5 h 后置于冰箱中储存。

3.3 油田废水处理装置及实验操作

本研究所使用的实验装置主要是死端纳滤实验装置,如前述图 2-2 所示,主要用于对油田废水中的主要污染物(如阴离子型聚丙烯酰胺、乳化废水颗粒等)对超滤过程所引起的膜通量衰减特征和纳滤膜污染机理的研究。该系统主要包括:高压纯氮驱动设备;超滤杯(XFUF07601,美国),有效容积 300 mL,内径 76 mm,有效过滤面积 0.04 m²;数据采集设备。废水纳滤实验前,取自制成型纳滤膜片放于超滤杯中,在 0.6 MPa 压力下预压 30 min,消除膜体的压实效应。

错流纳滤实验装置主要用于考察系统长时间运行时,实际油田废水中有机污染物的去除效果及膜污染过程研究。连续流实验装置是在天津大学化工基础研究中心定制加工的,该装置可实现膜表流体错流流动,且可调节装置的操作压力、回流量,控制流体温度和浓缩比例等,从而为采油废水的纳滤处理工艺优化提供了必要条件。下面主要对连续流处理实验装置加以介绍。

3.3.1 连续流处理实验装置

图 3-1 给出了连续流处理实验装置示意图和实际装置图。该装置主要用于高压(最大压力 1.3 MPa)下且系统长时间运行时的纳滤膜处理三次采油废水时分离性能的评价,包括有机污染物、无机盐的去除效果及膜污染和清洗过程研究。

该装置主要由动力驱动部分、储液部分、纳滤膜评价部分和在线检测部分组成。其中动力驱动部分主要由离心泵、柱塞泵、蠕动泵、氮气钢瓶组成;储液部分由原料槽和可以调节温度的储罐部分组成;纳滤膜评价部分主要由膜组件和死端过滤膜室组成,有效膜面积为 0.002 5 m²,其他部分主要由进出水槽、清洗药箱和泵等组成;在线检测部分包括在线质量、在线压力、在线温度和在线进出口电导值的检测。该实验装置可以实现在线温度的控制,通过变频器调节实现操作压力的平稳控制和液位控制等功能。整套装置均实现了计算机数据自动集中处理。

3.3.2 连续流实验装置操作方法

当采用纳滤膜处理三次采油废水配水及实际水时,利用图 3-1 所示的连续流处理实验装置进行操作,主要对纳滤膜的分离性能进行评价,包括通量测定,有机污染物、无机盐的去除效果,膜污染和清洗过程研究。将纳滤膜面朝上置于膜组件中,并将膜室的螺栓夹紧。将采油废水置于储罐中,开启柱塞泵,将待过滤液体输送至膜组件中,并在装置的控制面板上设定膜室的操作压力,如 1.1 MPa。开启阀门,将浓水回流到储罐中。此时,采油废水经过纳滤膜后的渗透液逐渐收集到电子天平上,并置入电导率仪探头的收集槽中。实时渗透通量和电导率数值由计算机数据处理系统采集并计算。

实验过程中若改变操作温度,则须打开加热棒进行加热,并在装置的控制面板上设定所需温度,通过装置的自动化系统来保证温度恒定。

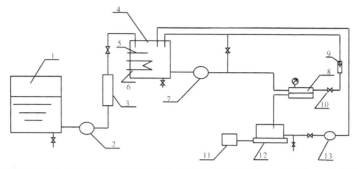

1—原料槽;2—离心泵;3—管道过滤器;4—储罐;5—温度计;6—加热棒;7—柱塞泵;
8—膜组件;9—流量计;10—阀门;11—数据处理系统;12—电子天平;13—蠕动泵。

（a）连续流处理实验装置示意图

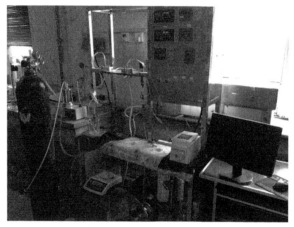

（b）连续流处理实验实际装置图

图 3 – 1   连续流处理实验装置图

3.3.3   操作参数计算

1. 比通量

在清洗实验中,为避免膜片初始通量不同所带来的差异,采用比通量的形式进行对比研究。比通量表示清洗之后的膜通量与清洁膜的纯水通量的比值,即

$$\text{比通量} = J/J_0 \qquad\qquad (3-1)$$

式中　J ——清洗之后的膜通量,L/(m^2·h);

　　　J_0 ——清洁膜的纯水通量,L/(m^2·h)。

2. 比截留率

在清洗实验中,为避免膜的初始截留率不同所带来的差异,采用比截留率的形式进行对比研究。比截留率表示膜清洗之后的截留率与膜清洗之前的截留率的比值,即

$$\text{比截留率} = R/R_0 \qquad\qquad (3-2)$$

式中　R ——膜清洗之后的截留率,%;

　　　R_0 ——膜清洗之前的截留率,%。

3. 浓缩比例

由于实验过程中装置处于连续运行状态,因此对于同一罐料液,装置运行时间不同,得到的浓缩液的浓度也处于变化之中,为了消除时间的影响,定义了采油废水的浓缩比例,即

$$浓缩比例 = 总进料量／浓缩液量 \tag{3-3}$$

3.4　膜　清　洗

利用纳滤膜处理采油废水一段时间后,将会产生膜污染而使膜通量衰减,因此常须采用一定的化学试剂来进行定期清洗。

1. 清洗过程

将所要研究的纳滤膜片置于图 3-1 所示装置中,在 0.9 MPa 的压力下处理采油废水 2 h,然后放掉装置中的采油废水。根据实验设计中的清洗方案,将装置的料槽中放置 0.1 mol/L 的 HCl 溶液,设定装置的操作压力为 0.9 MPa,并将酸洗时间控制为 20 min。

更换另外一片待研究的纳滤膜,重复以上步骤,分别进行碱洗和次氯酸钠清洗实验。其中碱洗溶液为 0.1 mol/L 的 NaOH,次氯酸钠清洗为有效氯含量为 100 mg/L 的 NaClO 溶液,清洗压力仍为 0.9 MPa,清洗时间为 20 min。

2. 清水通量及分离能力恢复测定实验

清水通量及分离能力恢复测定过程如下:首先将清洗结束后系统中的酸液放掉,在料液槽中注入去离子水,测试 0.9 MPa 下清洗过后膜的清水通量;然后,将料液槽中的清水放掉,重新注入三次采油废水,考察纳滤膜经清洗后对采油废水的盐截留能力的恢复情况。

3.5　常规水质分析

3.5.1　常规水质分析方法

本研究采用的常规水质分析方法均按照国家环境保护总局生态部编写的《水和废水监测分析方法》(第四版)进行。主要分析项目包括悬浮物(SS)、浊度、TOC、COD_{Cr}、pH 值等,具体见表 3-3。

表 3-3　常规水质分析方法

水质指标	单位	分析方法
SS	mg/L	重量法
浊度	NTU	2100P 便携式浊度计
TOC	mg/L	SHIMADZU TOC-4100 分析仪
COD_{Cr}	mg/L	重铬酸钾法
pH 值	—	PHS-3C 精密酸度计

3.5.2 阳离子含量测定

电感耦合等离子体原子发射光谱法(ICP-AES)是以电感耦合等离子炬为激发光源的光谱分析方法,是一种由原子发射光谱法衍生出来的新型分析技术。它能够方便、快速、准确地测定水样中的多种金属元素和准金属元素,且没有显著的基体效应。目前 ICP-AES 分析技术已成为现代检测技术的一个重要组成部分。

等离子体发射光谱法可以同时测定样品中各元素的含量。ICP-AES 的原理是,当氩气通过等离子体火炬时,经射频发生器所产生的交变电磁场使其电离、加速并与其他氩原子碰撞。这种连锁反应使更多的氩原子电离,形成原子、离子、电子的粒子混合气体,即等离子体。不同元素的原子在激发或电离时可发射出特征光谱,所以等离子体发射光谱可用来定性测定样品中存在的元素。特征光谱的强弱与样品中的原子浓度尤关,与标准溶液进行比较,即可定量测定样品中各元素的含量。

本书中,由于纳滤膜透过液中的有机物含量较低,可以在 ICP 装置上直接测定;而采油废水原液和配制水中的有机物含量较高,则必须经过酸消解预处理,如使用 HNO_3 或 H_2SO_4 等来分解有机物质。

3.6 仪 器 分 析

3.6.1 溶液分子的粒径分析

胶体分子旋转半径分析仪是一种基于粒度 – NIBS 技术的,针对水分散和非水分散体系中粒径为 0.3 nm ~ 10 μm 的颗粒和分子进行测量的粒度分析仪器,它依赖分子量 – 雪崩光电二极管检测器和光纤检测光学装置为待测胶体和聚合物等提供测量绝对分子质量所需的灵敏度和稳定性。

分析过程如下:

(1)样品制备。配置浓度为 0.1 mg/L 的待测溶液,由于浓度对高分子物质粒径的测量影响较大,因此应该选择多个浓度进行。

(2)检测角度的选择。由于该仪器采用小角激光检测技术,因此应该根据检测物质确定敏感检测角度。大多数有机物的敏感角度可选 175°和 12.8°。

(3)进样。样品应无明显浊度,且进样量不小于 12 μL。

3.6.2 Zeta 电位分析

Zeta 电位是指当分散粒子在外电场的作用下,稳定层与扩散层发生相对移动时的滑动面对远离界面的流体中某点的电位,又称动电位(ζ – 电位),即连续相与附着在分散粒子上流体稳定层间的电势差。

实验中采用 Zeta 电位仪(MALVERN Zeta 2600,英国)及固体表面电位分析仪(Surpass,

奥地利）分别对 APAM 溶液、乳化废水溶液进行电位分析,以考察液体中有机污染物与膜表面之间的静电作用,从而得到有机物 – 膜体系间的静电力大小对膜污染的贡献。分析方法如下:

(1)液相电位采用 pH 值连续滴定法;

(2)膜表面电位采用 Surpass 的可调间距样品槽完成,其中所使用的电解质溶液为 0.001 mol/L的 KCl 溶液。

第4章 含PAMAM的复合纳滤膜制备及其性能研究

4.1 引 言

超薄脱盐层是在聚砜超滤支撑层表面进行界面聚合所生成的一层PA致密薄层,厚度约为0.2 μm。界面聚合的过程是聚砜超滤支撑层先后与含多元胺的水相溶液和含多元酰氯的油相溶液接触,并迅速发生聚合反应。由于水相溶液和油相溶液互不相溶,多元胺和多元酰氯在水相和油相溶液接触的界面处发生反应,生成致密的超薄脱盐层。界面聚合反应如图1-4所示。

4.2 制膜条件对纳滤膜性能的影响

在界面聚合法制备超薄脱盐层的过程中,本书选用含有大量端氨基的多元胺为水相单体,而油相单体为多元酰氯,即均苯三甲酰氯。由于聚合反应发生在油水界面处,因此影响反应速度和生成PA纳滤膜致密程度的因素主要有水(油)相单体向界面处的扩散速度、界面聚合时间等。一般来说,上述界面聚合反应除了生成大分子的PAMAM之外,还将产生HCl等副产物,因此常在水相体系中投加一定量的弱碱,以维持反应的正向进行,促进界面聚合反应进行得更为彻底。另外,虽然界面聚合反应通量是放热反应,但是在一定配方体系下进行界面聚合后,仍需要对两相界面加热,以提高PA的聚合程度,从而提高活性皮层的脱盐率。另外,商业膜还常对超薄脱盐层进行漂洗等后处理,或通过表面亲水改性来进一步提高膜的性能,在漂洗完成后须对膜面进行保护。下面将针对界面聚合反应条件进行工艺参数优化。

4.2.1 水相单体浓度的影响

本节首先研究了界面聚合过程中PAMAM(G0)水相单体浓度对膜性能的影响。配制浓度分别为0.05%、0.10%、0.15%、0.20%、0.25%的PAMAM水溶液,均苯三甲酰氯(TMC)的浓度固定为0.2%,聚合反应的时间是2 min,然后将上述初生膜在50 ℃下热处理10 min,使用大量去离子水进行清洗,保存于去离子水中待性能测定。测试液体为1000 mg/L的Na_2SO_4,室温下测试压力为0.5 MPa(以下测试条件相同)。实验结果如图4-1所示。

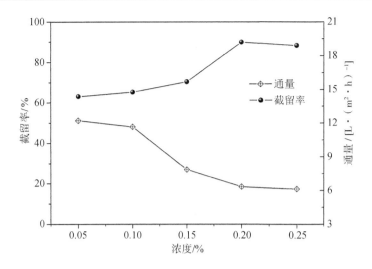

图 4 - 1　水相单体浓度对膜性能的影响

由图 4 - 1 可见,当 PAMAM 单体的浓度增大时,纳滤膜的截留率呈下降趋势,其通量也随之增大,且当浓度大于 0.20% 时,通量和截留率均保持稳定。这是由于在上述界面聚合反应中,水相和有机相单体首先由溶液主体扩散到反应界面,在相界面处聚合物分子链中的多个官能团发生反应以生成高度交联的聚合物。水相中的 PAMAM 扩散到界面处,与有机相中的酰氯基团发生聚合反应,生成 PA 高分子聚合物作为纳滤膜的分离层结构。复合膜的性能主要由其上部的分离层决定,均匀致密的功能层将提高复合膜的截留率。水相单体的浓度越大,界面处可供反应的—NH$_2$基团越多,则界面处的交联层越致密,厚度越大,从而使膜的通量不断下降,同时增加了膜对盐的截留率。当 PAMAM 浓度达到 0.20% 之后,膜性能随单体浓度的变化趋缓并趋于稳定。由于界面聚合速率受水相单体向有机相中扩散的影响较大,故实际应用中应尽量提高水相单体的浓度并使其过量,从而提高反应速度。

4.2.2　有机相单体浓度的影响

固定 PAMAM(G0)水相单体浓度为 0.20% ,研究界面聚合过程中 TMC 有机相单体浓度对膜性能的影响。配制浓度分别为 0.1%、0.2%、0.3%、0.4%、0.5% 的 TMC 的正己烷溶液,界面聚合时间为 2 min,在 50 ℃下热处理 10 min 后使用大量去离子水进行清洗,保存于去离子水中待性能测定。实验结果如图 4 - 2 所示。

当 TMC 有机相单体浓度增加时,膜的通量先呈下降趋势,当浓度超过 0.3% 时,通量又缓慢上升。与此同时,截留率的变化趋势正好相反,在浓度小于 0.3% 时,增加浓度,截留率上升;但当浓度大于 0.3% 时,再增加浓度,则截留率从最高点 70% 开始下降。

界面聚合反应一般都是在有机相这一侧进行的。对于有机相而言,单体浓度越高,均苯三甲酰氯越容易扩散到界面处,且生成的反应物的交联层越致密,厚度越大,从而使膜的通量不断下降,同时增加了膜对盐的截留率。当单体达到一定浓度时,其透过生成膜的扩散阻力增大,膜性能随单体浓度的变化趋缓,并最终趋于稳定。为保证所制备的纳滤膜具有较好的截留效果和渗透通量,控制 TMC 的浓度为 0.3% 。

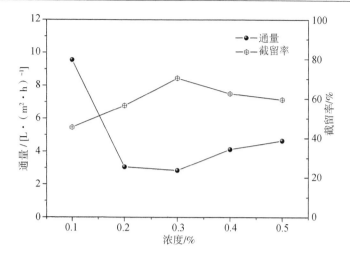

图 4 - 2　TMC 有机相单体浓度对膜性能的影响

4.2.3　界面聚合时间的影响

配制浓度为 0.25% 的 PAMAM 水溶液,TMC 的浓度固定为 0.3%,控制膜在 TMC 中的浸没时间,即界面聚合时间为 30 s、60 s、90 s、120 s、150 s,然后在 50 ℃ 下热处理 10 min,对所制得的膜进行性能测试,得到界面聚合时间对复合膜性能的影响,如图 4 - 3 所示。

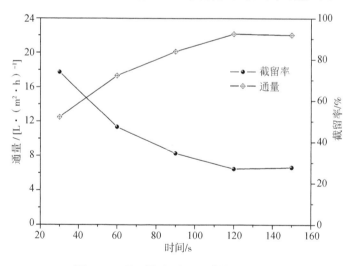

图 4 - 3　界面聚合时间对膜性能的影响

TMC 有较高的活性,它和 PAMAM 所提供的—NH_2 能很快地在界面处生成一超薄致密的酰胺层,界面聚合反应时间延长,反应生成的网状超薄致密功能层不断完善,且膜的厚度也在增加,故复合膜的脱盐率上升,通量下降。反应一段时间后,新生成的聚酰胺层成为两相之间的屏障,水相单体扩散受阻,使反应趋向平衡,因此复合膜的脱盐率和通量基本上不再随时间变化。这说明界面聚合反应具有自抑性,符合界面反应的特征并与理论分析一致。由图 4 - 3 可知,界面聚合时间控制在 120 s 左右,所制备的复合膜的脱盐率与通量均较佳。

4.2.4　热处理温度的影响

界面聚合反应一般为放热反应,若想促进界面聚合反应的继续进行,可采取提高交联温度的方法,即对所制得的膜进行热处理。同时,热处理还可除去膜面上残留的油相溶剂,避免疏水的油相影响纳滤膜通量。界面聚合反应一般在室温下进行,故在上述确定的实验条件下制备纳滤膜,并选择了室温(约13 ℃)、50 ℃、60 ℃、70 ℃、80 ℃、90 ℃六个干燥箱温度分别对纳滤膜进行热处理,考察了干燥箱温度对反渗透膜性能的影响。热处理温度对复合纳滤膜的通量和脱盐率影响如图4-4所示。

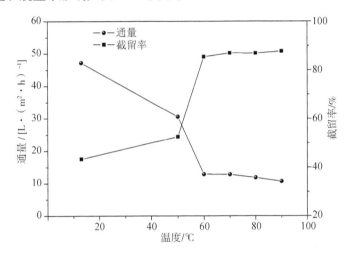

图4-4　热处理温度对纳滤膜性能的影响

从图4-4可以看出,提高热处理温度,膜通量下降,截留率逐渐升高。当热处理温度为60 ℃以上时,膜的性能趋于稳定。温度升高有利于高分子链段的运动,高分子的黏度降低,PAMAM的扩散阻力降低,扩散速度加快,使扩散入反应区的PAMAM的量增加,生成的PA相对分子质量和交联度提高,使膜变得致密,因此膜通量下降,截留率上升。另外,提高温度对于超滤膜的膜孔有一定的收缩作用,也可以引起纳滤膜的渗透性能变化。

4.2.5　热处理时间的影响

图4-5给出了热处理时间对纳滤膜性能的影响。由图4-5的两条曲线可以看出,在最初的20 min以内,随热处理时间的延长,通量上升,而截留率却在下降。原因在于界面聚合反应是放热反应,热处理开始时(在20 min以前),膜表面的温度有一个逐渐上升的过程,纳滤膜表面所发生的界面聚合反应在高温下逐渐终止。此时纳滤膜表面仍会有亲水性的聚酰胺结构生成,且其结构也会得到进一步完善,因此通量呈上升而截留率呈下降的趋势。

然而这两条线都存在明显的拐点,即达到20~30 min之后,再延长交联时间,膜的通量急剧下降,而截留率却迅速上升。这是由于当反应终止后,再继续置于高温条件下,支撑膜和功能层的孔径收缩致密化,故截留率上升,同时通量逐渐下降。另外,也可能是基膜和表皮活性层受热收缩程度不同而导致出现活性层断裂、脱落等缺陷,两者共同作用导致截留率下降。因此,热处理时间设定在 20 ~ 30 min 是比较合适的。热处理过程利于保证纳滤膜的性能更加稳定。

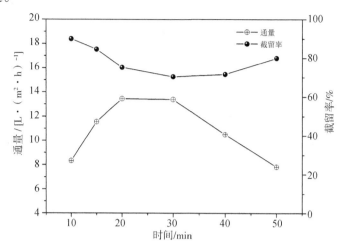

图 4 - 5　热处理时间对复合纳滤膜性能的影响

4.2.6　正交实验

通过前面的研究可知,界面聚合反应是一个快速进行的反应,制备条件的改变对纳滤膜性能有很大的影响。因此,在上述单因素实验的基础上,安排了正交实验以进一步确定影响纳滤膜性能的主要因素。通过前面单因素的实验结果可知,界面聚合反应非常迅速,即界面聚合反应超过 120 s 以后,纳滤膜的性能不再改变。因此,在下面进行的正交实验过程中将界面聚合的时间固定在 120 s。正交实验中,选取 MTC 浓度、PAMAM 浓度、热处理温度、热处理时间四个因素为研究对象,依据前面单因素实验确定上述参数的范围,分别取了三个水平,安排了四因素三水平实验,即 $L_9(3^4)$ 正交实验,正交实验的因素水平见表 4 - 1。

表 4 - 1　正交实验因素水平表

水平	TMC 浓度/%	PAMAM 浓度/%	热处理温度/℃	热处理时间/min
	因素 A	因素 B	因素 C	因素 D
1	0.30	0.15	60	15
2	0.20	0.20	70	25
3	0.40	0.25	80	35

将正交实验的安排列于表 4 - 2 中,并分别按表 4 - 2 中的因素水平组合顺序开展正交实验,将所制备的纳滤膜的性能测试结果列于表 4 - 2 中。对上述实验结果进行分析,得到以通量和截留率作为研究目标时各个因素的极差值,见表 4 - 2。

表 4-2　正交实验结果

实验序号	TMC 浓度 /% 因素 A	PAMAM 浓度 /% 因素 B	热处理温度 /℃ 因素 C	热处理时间 /min 因素 D	通量/ $[L \cdot (m^2 \cdot h)^{-1}]$ 因素 E	截留率 /% 因素 F
1	1	1	1	1	17.92	63.89
2	1	2	2	2	17.74	40.80
3	1	3	3	3	12.91	72.80
4	2	1	2	3	14.05	59.70
5	2	2	3	1	13.38	88.79
6	2	3	1	2	17.98	75.81
7	3	1	3	2	14.11	75.21
8	3	2	1	3	13.99	70.98
9	3	3	2	1	19.66	71.89
$k1$	16.16	15.36	16.63	16.33	以通量为目标	
$k2$	15.14	15.04	16.49	16.61		
$k3$	15.26	16.16	13.44	13.62		
R	11.02	11.12	13.19	12.71		
$K1$	59.16	66.27	70.23	74.86	以截留率为目标	
$K2$	74.77	66.86	57.46	63.94		
$K3$	72.69	73.50	78.93	67.83		
R	15.61	7.23	21.47	10.92		

从表 4-2 中的实验结果可知,当以通量为目标时,通量对应的极差 R 值大小顺序为 13.19(C)→12.71(D)→11.12(B)→11.02(A),影响次序为 C > D > B > A,即热处理温度 > 热处理时间 > PAMAM 浓度 > TMC 浓度;当以截留率为目标时,影响次序为 21.47(C)→15.61(A)→10.92(D)→7.23(B),影响次序为 C > A > D > B,即热处理温度 > TMC 浓度 > 热处理时间 > PAMAM 浓度。

由此可见,与其他三个因素相比,热处理温度始终是影响纳滤膜通量和截留率的主要因素,而热处理时间对纳滤膜的通量影响较大,PAMAM 浓度和 TMC 浓度对两者的影响较小。对截留率有重要影响的因素是 TMC 浓度。

热处理过程对于有效终止界面聚合过程及稳定纳滤膜的皮层结构具有重要作用,因此热处理温度和热处理时间对于纳滤膜的性能起到重要的作用。同时,PAMAM 浓度对纳滤膜的性能影响也较大,这是由于界面聚合反应一般都在有机相这一侧进行,因此水相单体能否快速运动到反应界面,是决定界面聚合反应过程的关键。而 TMC 浓度较大,则利于在纳滤膜表面生成致密的活性皮层而提高纳滤膜的截留率。

环国兰等研究了复合纳滤膜的正交实验优化,但在研究过程中只考虑了水相单体浓度、有机相单体浓度和界面聚合时间三个因素,且得出了有机相单体浓度是决定纳滤膜性能和截留率的主要因素的结论。由于本书中所使用的单体是分子表面的胺基官能团密度较大的 PAMAM 分子,且选取的水相和有机相单体浓度,以及水相和有机相单体的配比关系均与环国兰等的研究内容不相同。在本研究中,反应过程中始终会为反应界面提供足够的胺基官能团。由此可见,单体种类的不同,使纳滤膜的性能影响规律存在很大差异。

根据表 4 - 2 的通量数据,可知通量最好的组合是 A1B3C1D1,而截留率对应的最好组合是 A3B3C3D1。一般来说,纳滤膜的通量和截留率成反比。从表 4 - 2 中膜性能指标的结果也可以看出,高通量对应的截留率较小。为保证最终复合纳滤膜的性能同时兼顾截留率和通量两个指标,选取 A1B3C3D1 进行验证实验。得到纳滤膜的通量为 15 L/(m² · h),对 Na_2SO_4(1000 mg/L)的截留率为 92%。根据实验结果确定 PAMAM(G0)浓度为 0.25%,TMC 浓度为 0.3%,热处理温度为 80 ℃,热处理时间为 15 min。

4.2.7　高代数 PAMAM 为单体制备条件对膜性能的影响

前面研究了以 PAMAM(G0)为单体的纳滤膜制备条件优化,接下来参考上述实验研究结果,分别以高代数的 PAMAM 为单体进行纳滤膜的制备研究。

由于有机相单体的种类未发生变化,而 PAMAM 单体的特点是随着代数的增高,其表面胺基基团的个数增多,因此在以 PAMAM(G1.0)和 PAMAM(G2.0)为单体时,分别只研究了水相单体的浓度对膜性能的影响,其他制备条件的设定依据上述正交实验结果。图4 - 6和图 4 - 7 分别给出了以 PAMAM(G1.0)和 PAMAM(G2.0)为单体时,其浓度对纳滤膜性能的影响。

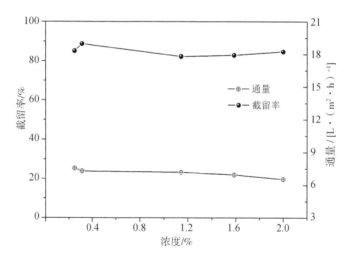

图 4 - 6　PAMAM(G1.0)浓度对纳滤膜性能的影响

从图 4 - 6 和图 4 - 7 可见,对于 PAMAM(G1.0),水相单体的浓度在很宽的浓度范围内对纳滤膜的性能影响较小,且膜的性能基本不发生变化。这一点与 PAMAM(G0)的影响规律完全不同,这是由于随着代数的升高,PAMAM 分子上的—NH_2个数呈指数增长,使得在相界面上有足够的胺基单体参与界面聚合反应。另外,随着制备单体代数的升高,水溶液中 PAMAM 单体分子的体积越大,运动到反应界面处的速度越小。因此表现出 PAMAM 在水相中的浓度对膜性能的影响较小。

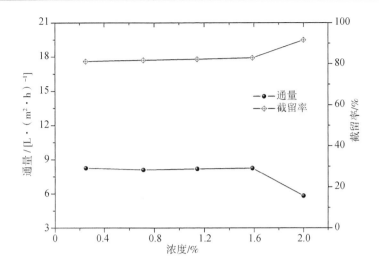

图 4 - 7　PAMAM(G2.0)浓度对纳滤膜性能的影响

由图 4 - 7 可见,当以 PAMAM(G2.0)为单体时,当 PAMAM 浓度达到 1.6% 时,可以发现此时通量下降,而截留率上升。说明此时在膜表面形成的 PA 层厚度和致密程度增大,因此其通量下降而截留率上升。

综上所述,对于 G1.0 与 G2.0 代的 PAMAM,水相单体浓度可以选择和 G0 代的浓度相同,即同为 0.25%,而且其他制备条件可以保持一致。

为方便表示,在以下研究中将上述条件中以 PAMAM(G0)为单体制备的纳滤膜记为NF0,以 PAMAM(G1.0)为单体制备的纳滤膜记为 NF1,以 PAMAM(G2.0)为单体制备的纳滤膜记为 NF2。

4.3　纳滤膜的结构及性能表征

由于复合纳滤膜表面的微观结构对纳滤膜的整体性能起到决定性的作用,且对微观结构的了解有助于对纳滤膜的宏观性质的理解,因此,在优化了上述制备条件的基础上,进一步考察了纳滤膜表面的微观结构和化学结构。常用的表征手段包括红外光谱分析、原子力显微镜分析和场发射扫描电子显微镜分析等。

4.3.1　红外光谱分析

分别将 G0、G1.0、G2.0 代的 PAMAM 单体制备得到的纳滤膜 NF0、NF1、NF2 及聚砜(PSF)超滤膜进行红外光谱扫描,结果如图 4 - 8 所示。

由图 4 - 8 可见,PSF 超滤膜及 NF0、NF1、NF2 三种纳滤膜均在 2838 cm^{-1} 和 2928 cm^{-1} 处有 C—H 吸收峰,在 1386 cm^{-1} 处有 C—N 伸缩峰与酰胺Ⅲ带 N—H 平面变形。与聚砜超滤膜相比,以不同代数 PAMAM 制备的纳滤膜表现出在 1658 cm^{-1} 处的酰胺Ⅰ带的羰基(C ═O)伸缩峰,以及在 1585 cm^{-1} 处的酰胺Ⅱ带 C—N 伸缩峰,而且随着 PAMAM 代数的增高,这两个峰的峰高也在增加,这是由于 PAMAM 单体的代数增高,提供与 TMC 反应的氨基个数也增多,在纳滤膜表面上生成的酰胺数量也呈增加趋势;与此同时,代数高的 PAMAM 单体中也存在一定数量的酰胺基团,因此与酰胺键对应的两个峰值也在增高。另外,在 3 300 cm^{-1} 处的 N—H 伸缩峰也随 PAMAM 代数的增高而增加。以上各个峰值表明了在超滤膜的表面上由 PAMAM 和 TMC 单体生成了含有酰胺键和烷基的聚酰胺层(—NH—CO—)。Li 等以 PAMAM 为单体制备的纳滤膜,也取得相似的研究结果。

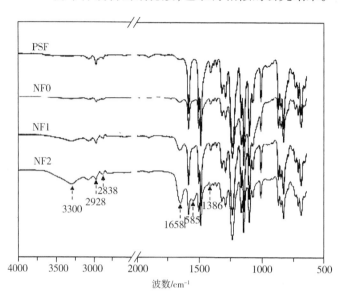

图 4 - 8   PSF 超滤膜和纳滤膜的红外光谱

4.3.2   场发射扫描电子显微镜分析

为进一步观察纳滤膜的表面形貌,对所制备的纳滤膜进行了场发射扫描电子显微镜分析。图 4 - 9 给出了 PSF 超滤膜及前面制备的 NF0、NF1、NF2 纳滤膜经喷金处理后,得到膜表面的 5000 倍和 10 000 倍扫描电子显微镜图。其中图(a)、图(c)、图(e)、图(g)分别为 PSF 超滤膜和 NF0、NF1、NF2 纳滤膜的 5000 倍电镜图,而图(b)、图(d)、图(f)、图(h)分别为其 10 000 倍电镜图。从超滤膜 PSF 的扫描电子显微镜图,可以清晰地看到膜表面具有平整的表面,在 10 000倍下超滤膜的膜孔清晰可见。而经过界面聚合之后,纳滤膜表面均匀一致,说明经界面聚合后在超滤膜表面确实形成了一层新的单体,表明前面所述的界面聚合过程确实能实现纳滤膜的制备过程。

但 NF0、NF1 和 NF2 纳滤膜表面的膜孔在 10 000 倍下已观察不到,说明在 PSF 表面上合成了一层具有致密孔径的活性层。且随着代数的升高,可以看到膜表面结节状的小突起越来越多,说明此时 PAMAM 代数越高,其分子支化程度或体积越大,制备得到的纳滤膜皮层中的 PA 分子结构的支化程度也逐渐增大,所以纳滤膜的粗糙度随着代数的升高而增大。

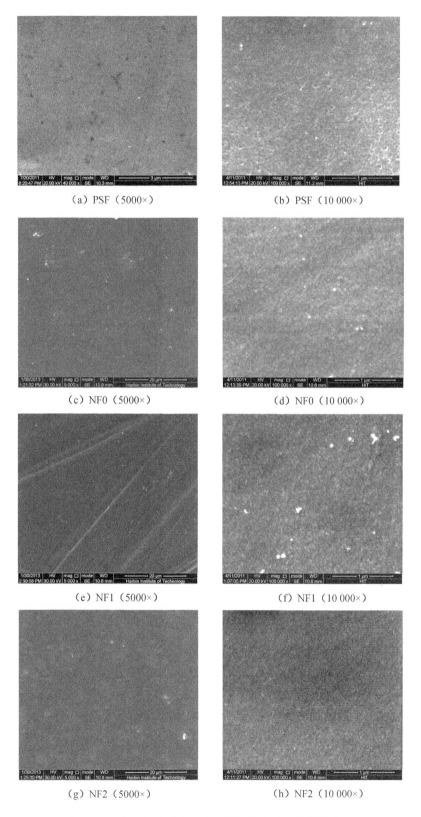

（a）PSF（5000×）　　　　　　　　（b）PSF（10 000×）

（c）NF0（5000×）　　　　　　　　（d）NF0（10 000×）

（e）NF1（5000×）　　　　　　　　（f）NF1（10 000×）

（g）NF2（5000×）　　　　　　　　（h）NF2（10 000×）

图 4 – 9　聚砜超滤膜和纳滤膜的扫描电子显微镜图像

接下来,对聚砜超滤膜及所制备的纳滤膜的侧面图进行表征。如图4－10所示,图(a)至图(d)分别为聚砜超滤膜和不同代数的NF0、NF1、NF2的纳滤膜。由图4－10可见,聚砜超滤膜的主体结构具有较大的纵向指状孔,而经过界面聚合后,可以观察到在NF0、NF1、NF2纳滤膜表面生成了超薄的表皮层结构,这一超薄功能层对于纳滤的分离起到了主要作用。

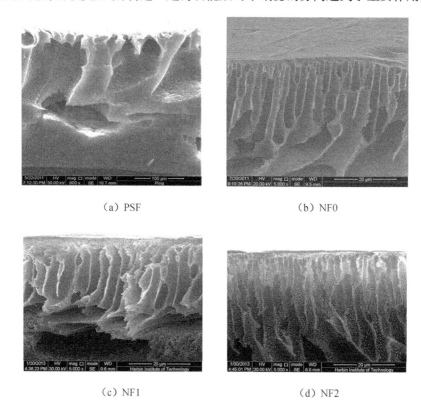

（a）PSF   （b）NF0

（c）NF1   （d）NF2

图4－10　聚砜超滤膜和纳滤膜断面扫描电子显微镜图像

4.3.3　原子力显微镜分析

为进一步分析复合纳滤膜的表面形态,将PSF基膜及NF0、NF1、NF2复合纳滤膜进行原子力显微镜分析,得到如图4－11所示的3D图像,其中每个样品的扫描面积是2 μm × 2 μm。

由图4－11可见,由于聚砜PSF超滤膜的分子体积相对较小,因此其AFM图像上表现出较微小的突起结构,且突起部分细小尖锐,均匀分布在膜表面上,膜表面上的粗糙度不是很大。而界面聚合之后的纳滤膜表面密布着球状的突起,而且随着代数的升高,球状突起的体积越大,峰形越圆润。这是由于PAMAM分子的代数越高,其分子的体积越大,且分子表面具有很多的文化结构,在界面聚合时能提供更多的反应基团,因此纳滤膜表面的PA分子体积也呈增大趋势。

对于聚砜超滤膜及NF0、NF1、NF2来说,PAMAM单体的代数越高,其表皮形成的纳滤膜粗糙度变化越大,由AFM自带的软件进行分析,得到各种膜的粗糙度变化,实验结果如图4－12所示。PSF超滤膜的粗糙度为3.39 nm,而NF0、NF1、NF2的粗糙度分别为8.72 nm、10.7 nm和11.1 nm。

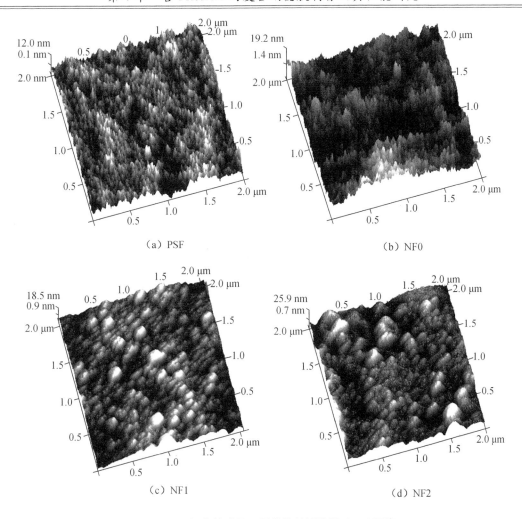

图 4 - 11　超滤基膜及不同代数纳滤膜的 AFM 图像

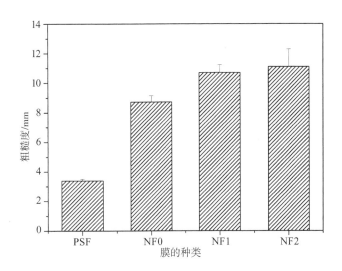

图 4 - 12　超滤基膜及不同代数纳滤膜的粗糙度

PA 膜的粗糙度随着代数不断升高,是由其制备单体表面高度支化的空间结构、突起结构和纳米尺寸的孔结构引起的。一般而言,较大的表面粗糙度有利于增大膜的表面积,进而提高水的通量。

4.3.4 接触角分析

将上述 PSF 膜及 NF0、NF1、NF2 纳滤膜进行表面接触角分析,实验结果如图 4 – 13 所示。由图 4 – 13 可见,从停留在玻璃板表面的液滴的接触角来看,PSF 超滤膜所对应的液滴最圆,接触角最大。对于纳滤膜来说,随着代数的升高,液滴逐渐变得扁平,接触角逐渐减小。图 4 – 14 给出超滤基膜及不同代数纳滤膜的接触角。由图可见,PSF 超滤膜的接触角是77.13°,NF0、NF1、NF2 的接触角分别是60.33°、51.245°和47.88°。这表明 PSF 超滤膜具有疏水性的膜表面,而经过界面聚合之后在超滤膜表面生成一个活性纳滤皮层 – 聚酰胺薄层,由于酰胺基团中具有亲水基团氨基,因此提高了膜表面的亲水性。

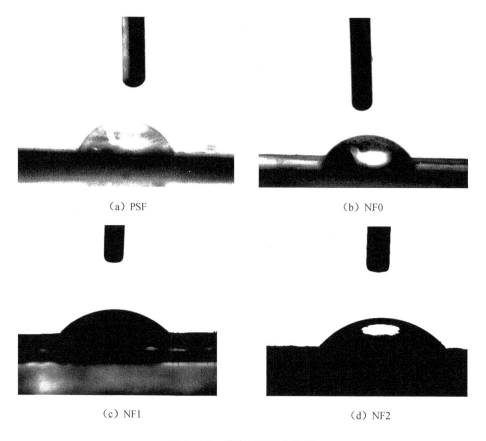

（a）PSF　　　　　　　　　　　　（b）NF0

（c）NF1　　　　　　　　　　　　（d）NF2

图 4 – 13　膜表面接触角图像

当 PAMAM 的代数升高时,其中的反应活性不仅有端氨基,更有仲胺基团参与反应。随着 PAMAM 代数的升高,其端氨基随着代数的升高而呈 2 的指数倍增长,因此,纳滤皮层中的聚酰胺基团的密度逐渐增大,材料也变得越来越亲水。一般而言,材料的接触角反映的是膜面的亲水性能,接触角越小,则膜面与水的结合能力越强,膜表面的亲水性越大,将导致膜的通量增大;相反,膜表面接触角越小,则膜的通量减小。

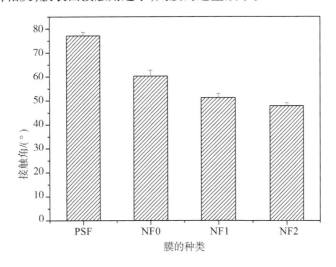

图 4 - 14　超滤基膜及不同代数纳滤膜的接触角

4.3.5　切割分子量的测定

纳滤膜的截留机理主要包括对盐溶液的静电排斥作用,以及对非电解质类有机小分子的截留筛分作用。研究膜对有机物的截留能力,常用于确定纳滤膜的孔径范围和纳滤膜的切割分子量。切割分子量是指膜对有机物的截留率达到90%时所对应的有机物的相对分子质量,即此时相对分子质量大于切割分子量的有机物将被截留在膜的表面。纳滤膜表面的 MWCO 取决于过滤物的种类及其三维空间尺寸。检测切割分子量的物质主要是不带电的有机物,如葡萄糖(198.7 g/mol)、蔗糖(342.29 g/mol)、PEG600(600 g/mol)、PEG1000(1000 g/mol)、PEG1500(1500 g/mol),以上均是平均相对分子质量。测试压力为 0.5 MPa。

首先研究了在室温下,压力为 0.5 MPa 时,所合成纳滤膜 NF0 对葡萄糖、蔗糖、相对分子质量不同的聚乙二醇(浓度均为 100 mg/L)的截留性能,结果见表 4 - 3。由表 4 - 3 可见,随着有机物相对分子质量的增加,膜对其截留率呈不断增大的趋势。所制备的复合纳滤膜对相对分子质量较大的有机物具有较高的截留率,且该纳滤膜的切割分子量为 600 ~ 1000 g/mol。

表 4 - 3　复合纳滤膜 NF0 对不同有机物的分离效果

有机物	相对分子质量	截留率/%
PEG1500	1500	96.80
PEG1000	1000	94.95
PEG600	600	71.81
蔗糖	342.29	25.60
葡萄糖	198.17	18.73

为进一步测量不同代数单体制备纳滤膜的切割分子量,首先制备 NF0、NF1、NF2 纳滤

膜,并得到不同分子量的有机物和截留率之间的变化关系,如图 4 – 15 所示。对于 NF0 来说,当截留率达到 90% 时所对应的相对分子质量为 860 g/mol。而 NF1 和 NF2 所对应的 MWCO 分别为 710 g/mol 和 680 g/mol,即随着纳滤膜制备单体的代数升高,其切割分子量也越来越小。基于纳滤膜对有机物的孔径筛分的截留机理,可以推断 PAMAM 单体的代数越高,纳滤膜的孔径越来越小,这是因为高代数的单体利于形成致密的活性皮层。

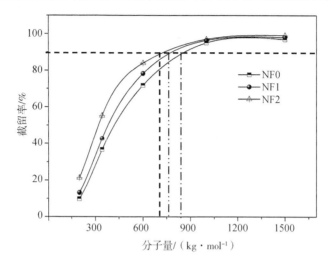

图 4 – 15 不同代数 PAMAM 制备的 NF 膜对 PEG 的截留率

4.3.6 膜表面电位分析

对于以 PAMAM 为单体制备的纳滤膜,其表面存在两种电荷:一种是酰氯水解时产生的羧酸基团(—COOH),由于纳滤膜的等电点一般为 pH <7,因此在中性条件下,纳滤膜表面的羧酸基团会水解产生带负的羧酸根(COO^-),从而使大部分纳滤膜表现出明显的负电性;另外一种基团,则是纳滤膜制备单体中总会有未参与反应的—NH_2 存在,由于氨基的氮原子上有一对孤对电子,因此它会与水中的 H^+ 结合形成 NH_3^+。在制备过程中,由于制备单体的种类不同,因此纳滤膜表面的带电性质也会发生变化。图 4 – 16 给出了不同代数纳滤膜 NF0、NF1、NF2 的表面 Zeta 电位的测试结果。

由图 4 – 16 可见,随着制备单体的代数升高,纳滤膜表面的电荷变化趋势明显,即均朝着表面电位的绝对值越来越小的方向变化,即表面电性朝着正电方向变化。对于 NF0 纳滤膜,其表面电位约为 – 18 eV,而 NF1 纳滤膜的表面电位约为 – 12 eV,NF2 纳滤膜的表面电位约为 – 10 eV,膜表面负电荷的数量越来越少。这是由于 PAMAM 单体的代数越高,其单体中的伯胺、仲胺及叔胺的数目呈 2 的指数倍增长,因此,代数越高,分子中含有的氨基个数越多,当纳滤膜表面存在过剩的未参与界面聚合反应的氨基时,它易于与水中的 H^+ 结合,形成正电基团,此时膜表面负电性减弱,正电性增强。

纳滤膜的电性对于盐溶液的分离及其抗污染特性等均会有不同的影响,相关的讨论将在后面的章节加以介绍。

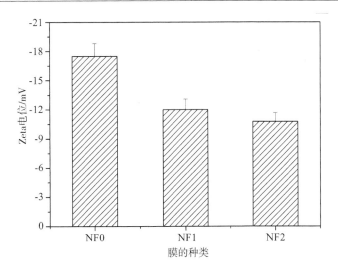

图 4 - 16　不同代数 PAMAM 制备的 NF 膜表面 Zeta 电位

综上所述,可以看到在以 PAMAM 为水相单体时,在 PSF 超滤膜表面进行界面聚合反应,确实可以在超滤膜表面形成具有 PA 结构的纳滤活性皮层;且 PAMAM 单体的代数越高,所得到的纳滤膜表面的粗糙度越大,亲水性越强,切割分子量越小,纳滤膜的活性皮层越薄,所形成的纳滤膜表面所带负荷的数量越少。

4.4　纳滤膜性能的研究

4.4.1　操作压力对纳滤膜性能的影响

1. 操作压力对通量的影响

纳滤膜特殊的孔径范围及表面特性使得分离性能易受许多因素的影响,其对无机盐的分离性能除与盐的价态、离子大小有关之外,还与操作条件相关,如不同的盐浓度、进料流量等。这里主要考察了 NF0、NF1、NF2 纳滤膜在不同操作压力下膜的清水通量,以及对无机盐分离性能的影响。图 4 - 17 是室温下测定不同压力时,NF0、NF1、NF2 纳滤膜的清水通量。

由图 4 - 17 可见,复合纳滤膜的通量基本随操作压力的增加而线性增大。对于以压力差为推动力的纳滤过程来说,膜的渗透流量与跨膜压力呈线性增大是一个压力驱动的物理过程,渗透通量必然与推动力压力的变化成正比。且从 PAMAM 的代数上看,代数越低,所制备的纳滤膜的通量越大。前面所测的结果表明,尽管代数低的 PAMAM 单体制备的 NF0 纳滤膜亲水性和表面粗糙度低于 NF1、NF2 的,但由于 NF0 的切割分子量低于前两者,故相比而言,NF0 应具备更大的孔径。由此可见,此时纳滤膜通量的大小受纳滤膜的孔径影响较大。

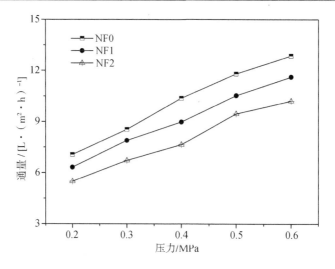

图 4 - 17   操作压力对不同代数复合纳滤膜通量的影响

2. 操作压力对盐截留能力的影响

图 4 - 18 是以 Na$_2$SO$_4$(1000 mg/L)为原料,测定操作压力对盐溶液的截留性能的影响。由图 4 - 18 可见,纳滤膜对盐的截留率随操作压力的增大呈增大趋势,但压力达 0.5 MPa 之后,盐的截留率增加幅度变缓,且基本保持稳定。这是由于随着压力增大,盐溶液的渗透压增大,使膜对无机盐的截留率增加幅度减小。

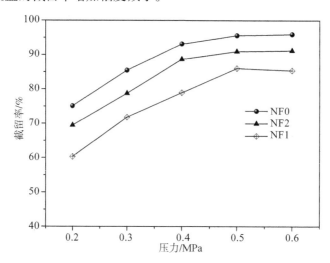

图 4 - 18   操作压力对不同代数复合纳滤膜盐截留性能的影响

另外从 PAMAM 的代数上看,G0 代单体制备的纳滤膜 NF0 具有最大的截留率,而 NF1 截留率最小,NF2 的截留率则处于 NF0 与 NF1 之间。由前面对纳滤膜的切割分子量及膜表面 Zeta 电位的表征结果可知,PAMAM 代数越高,则膜的切割分子量越小,即膜孔径越来越小,同时其表面负电荷的数量减少。NF0 纳滤膜表面负电荷数量较大,相对应的盐截留能力也较大,表明此时对盐溶液的截留原理主要是静电排斥作用,并不是基于孔径筛分的原理进行分离的。

另外,与 NF1 相比,NF2 纳滤膜所对应的盐截留能力较大,由前面的实验结果可知,其与 NF1 纳滤膜的表面电位相差不多。由此可见,纳滤膜对盐离子的分离除了静电作用外,膜孔径大小也是影响其分离能力的主要因素。

4.4.2　进料浓度对纳滤膜性能的影响

1. 进料浓度对通量的影响

在室温及 0.5 MPa 下,测定纳滤膜对不同浓度 Na_2SO_4 溶液的膜通量,结果如图 4 – 19 所示。由图 4 – 19 可见,随着盐浓度的增加,纳滤膜处理盐溶液时的膜通量呈下降趋势。这是由于浓度较大的盐溶液具有较大的渗透压,会降低纳滤膜的通量。而对于不同代数的纳滤膜,同样遵循前面清水通量的测试结果,即始终保持 NF0 > NF1 > NF2,即荷负电性较强且 MWCO 较大的 NF0 纳滤膜具有较大的通量值。

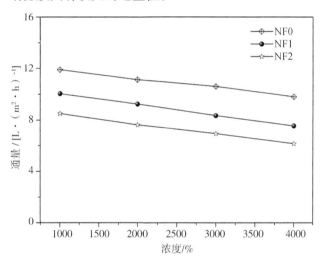

图 4 – 19　盐浓度对复合纳滤膜通量的影响

2. 进料浓度对截留率的影响

在室温 0.5 MPa 压力下,测定纳滤膜对不同浓度 Na_2SO_4 溶液的截留率,结果如图 4 – 20 所示。由图 4 – 20 可见,对于 NF0 纳滤膜,随着电解质浓度的增加,盐的截留率从 92% 下降到 74% 左右,呈下降趋势,同时 NF1 和 NF2 纳滤膜也具有相似的盐截留规律。按照 Mathias Ernst 的研究结果,随着盐溶液的浓度增加,膜表面吸附了更多的与膜表面所带电荷相反的反离子,导致膜表面的 Zeta 电位绝对值减小,使得膜表面与溶液本体中阴离子的排斥力减小,从而降低了盐的截留率。同时,由于盐浓度增大,盐溶液中离子间的相互碰撞和阻碍的机会增多,也会使盐截留在纳滤膜的上游一侧。

从 NF0 和 NF1、NF2 的盐截留顺序上看,NF0 的截留率最大,而 NF2 的截留率次之,NF1 的截留率最小。从 NF0 的电性上看,其表面带有的负电荷最多,说明纳滤膜对盐的截留机理仍以静电排斥为主。

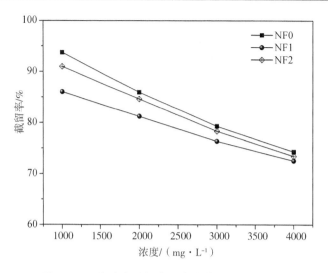

图4-20　盐浓度对复合纳滤膜截留性能的影响

4.4.3　制备条件对膜表面电性的影响

一般来讲,通过界面聚合反应制备纳滤膜时,纳滤膜表面应带有负电荷。这是由于酰氯的活性特别强,在与胺类单体的水溶液接触时,会发生水解现象,从而使酰氯基团更多地转变为羧酸基团,从而使纳滤膜表面呈现负电性。但是由于本研究所使用的 PAMAM 树状分子中,随着代数的升高,其分子中间存在大量的仲胺与叔胺基团,在 PAMAM 远远过量于 TMC 的情况下,所制备的纳滤膜表面呈正电性,Li 和邓慧宇的研究证实了当氨基过量时纳滤膜表面的正电性质。因此,在本研究中,将讨论纳滤膜表面的电性变化规律,以及探索影响纳滤膜表面电性的几种方法和手段。

1. PAMAM 与 TMC 的浓度比对膜表面电位的影响

首先研究了 PAMAM 和 TMC 的浓度比对纳滤膜电位的影响。为了便于研究,本实验是以含有较多胺基基团的 PAMAM(G2.0)为研究对象,研究了 PAMAM 与 TMC 的浓度比对膜电位的影响,并将 PAMAM 与 TMC 的浓度比变化区间控制在 1.25 ~ 20。实验结果如图4-21 所示。

由图4-21 可见,PAMAM 与 TMC 的浓度比增大时,Zeta 电位的绝对值逐渐减小,从最初的 -17.1 mV 变化到 -1.45 mV,特别是当二者比例接近 20 的时候,膜表面电位趋近于 0。Zeta 电位随着 PAMAM 与 TMC 的浓度比增大而不断增大,得到了近似正电性的膜。

这是由于随着 PAMAM 单体的浓度升高,PAMAM 中存在过量的胺基基团所致。表 4-4所示为 G2.0 单体具有不同浓度时,PAMAM 溶液的体积摩尔浓度及其表面的—NH_2数量。由表可见,当 PAMAM 的浓度增至 8 倍时,其分子表面的伯胺基团数量则从 1.23×10^{-3} 增大到 9.84×10^{-3},另外分子中的仲胺基团数量也在增加,可以看出胺基增长的数量非常大,过量的胺基基团不能完全参与界面聚合反应,易于吸附水中的 H^+ 而使膜表面呈现向正电方向变化的趋势。

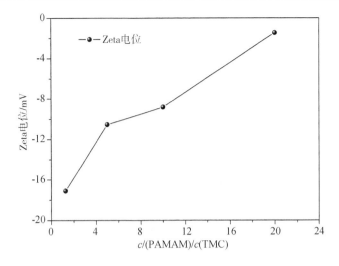

图 4 - 21　PAMAM 与 TMC 的浓度比对膜表面电位的影响

表 4 - 4　PAMAM(G2.0)中氨基的数量与其单体浓度间的关系

单体浓度/%	体积摩尔浓度/(mol·L^{-1})	—NH$_2$数量/mol
0.25	7.6875×10^{-5}	1.23×10^{-3}
0.7138	2.195×10^{-4}	3.512×10^{-3}
1.5862	4.84×10^{-4}	7.744×10^{-3}
2	6.15×10^{-4}	9.84×10^{-3}

2. 界面聚合时间对膜表面电位的影响

同样以 PAMAM(G2.0)为研究单体制备纳滤膜,此时改变界面聚合时间,使之在 20 ～ 120 s 变化,以实现纳滤膜表面的电性调节。结果如图 4 - 22 所示。

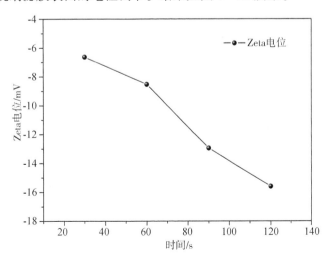

图 4 - 22　界面聚合时间对纳滤膜表面电位的影响

由图 4 - 22 可见,在聚合时间从 30 s 增加到了 120 s 的过程中,纳滤膜表面电位的绝对值逐渐增大,即界面聚合时间越长,膜表面的电位越负。这是由于在界面聚合过程中,在膜的表面将发生两种类型的反应,即 PA 的形成和酰氯的水解反应。界面聚合时间越长,越多的酰氯发生水解并在膜表面产生负电荷,将降低膜的表面电位。

由以上研究可以看出,纳滤膜表面的电位可以通过改变水相单体与有机相单体的浓度比、界面聚合时间来进行调节。纳滤膜的盐截留性能与电性密切相关,同时也与纳滤膜的分子结构有一定的联系。下面将讨论不同代数 PAMAM 单体制备的纳滤膜对不同种类盐的截留性能。

4.4.4 不同代数纳滤膜的盐截留性能

纳滤膜表面的荷电性能将影响其对无机盐离了的截留能力。因此,在课题研究中采用不同种类的盐溶液来进行纳滤分离性能的测试。在这里采用四种盐溶液,分别为 $MgSO_4$、$MgCl_2$、$NaCl$ 和 Na_2SO_4,其浓度均为 1000 mg/L。采用由 PAMAM(G0、G1.0、G2.0)制备的 PA 纳滤膜进行测试,采取图 2 - 1 所示实验装置,过滤压力为 0.5 MPa,实验结果见表 4 - 5。

表 4 - 5 不同代数 PA 膜对无机盐的截留顺序

盐溶液	NF0		NF1		NF2	
	截留率/%	通量/ $[L \cdot (m^2 \cdot h^{-1})]$	截留率/%	通量/ $[L \cdot (m^2 \cdot h^{-1})]$	截留率/%	通量/ $[L \cdot (m^2 \cdot h^{-1})]$
$MgSO_4$	89.23	12.44	91.38	10.56	92.53	10.22
$MgCl_2$	67.89	13.72	87.48	11.85	97.46	8.73
$NaCl$	45.32	14.38	32.49	11.20	25.76	10.75
Na_2SO_4	95.63	12.91	81.04	10.93	90.97	9.93

由表 4 - 5 可见,由三代 PAMAM 单体制备的纳滤膜,其盐截留能力存在很大的差异。对于 NF0 纳滤膜,其对盐离子的截留顺序为 $Na_2SO_4 > MgSO_4 > MgCl_2 > NaCl$,即上述纳滤膜对二价阴离子中的 SO_4^{2-} 截留能力很大,因此表现出明显的荷负电特征。而对于 NF1 纳滤膜,其对无机盐的截留顺序为 $MgSO_4 > Na_2SO_4 > MgCl_2 > NaCl$,由此可见,纳滤膜表面负电荷数量的减少,会导致纳滤膜对二价阳离子 Mg^{2+} 的截留能力增强。而对于 NF2 纳滤膜,其对盐离子的截留顺序为 $MgCl_2 > MgSO_4 > Na_2SO_4 > NaCl$,即此时膜对一价 Cl^- 的截留能力大于二价阴离子 SO_4^{2-},表明此时纳滤膜已经表现出明显的荷正电特征。

同样也可以看到,纳滤膜对于盐离子的截留和膜表面电位与盐离子间的电荷作用相关。膜表面的负电荷量越多,则其与溶液中阴离子间的排斥作用越显著;相反,膜表面的负电荷量越少,则其与溶液中的阳离子间的排斥作用力越大。这一结论与先前的很多研究结果是相符合的。

4.5　膜的耐氯性能

目前广泛使用的芳香聚酰胺复合纳滤膜的主要缺点是耐氯性很差,其原因在于芳香聚酰胺易受到自由氯的攻击,从而引起膜性能的恶化,因此在生产运行中,需严格控制料液进入膜分离器时的游离氯浓度。很多研究人员都研究了氯攻击芳香聚酰胺及聚酰胺膜的机理,以理解氯化过程对膜性能的影响。聚酰胺纳滤膜受到自由氯攻击后的化学变化,主要包括以下几点:

(1) 聚酰胺中的 N—H 键氯化后形成了 N—Cl 基团;

(2) 奥通重排作用,最初是使 N—H 键转化为 N—Cl 键,接下来就是二胺中的芳环中氯原子的重排;

(3) 对二胺单元中的芳环的直接氯化作用。

因此,纳滤膜性能下降是由于增加了纳滤膜聚酰胺层的疏水性,使聚酰胺层变得更紧致;氯原子加入酰胺链中,引起聚酰胺皮层的物理性能的改变;等等。

近年来,人们在新型抗氧化膜材料的合成和膜材料的改性等方面取得了一些进展,但目前仍然没有很好的工业化产品应用。另外,有分析表明,带有叔胺链的(由仲胺和酸作用得到的聚合物)及从脂肪胺得到的聚酰胺(不会经受奥通重排引起膜性能的下降)将具有更好的耐氯性能。据此,P. R. Buch 研究了利用具有六元环结构的二胺单体制备纳滤膜的耐氯性能。结果表明,在与氯接触的过程中,存在快速和慢速通量下降的阶段,在快速下降阶段,通量和截留率都下降可能归因于 N—H 酰胺基团中的氢键转化成没有氢键的 N—Cl 基团,因此引起聚酰胺皮层的化学结构和形态的变化。以上结果清楚地表明,在不发生奥通重排和聚酰胺链断裂的情况下,N—Cl 基团也会大大影响纳滤膜的性能。

然而没有相关实验表明分子结构中除了具有伯胺基团外,是否还含有大量的仲胺和叔胺基团的超枝化聚合物,在不经受奥通重排和聚酰胺结构的断裂后,是否影响纳滤膜的分离性能。因此,本书采用 PAMAM 单体制备纳滤膜,并使其与含有活性氯的 NaClO 接触,以研究游离氯对纳滤膜的逐步作用及对膜性能的影响。

在对由 PAMAM 单体制备的纳滤膜进行耐氯性能研究之前,首先采取美国陶氏公司的 NF270 纳滤膜进行对比实验研究,其结构性能参数见表 2 - 1。

4.5.1　NF270 的耐氯性能

1. NaClO 溶液浸泡时间对 NF270 性能的影响

将 NF270 三片浸泡于 NaClO 溶液(有效氯含量为 1000 mg/L)中,每隔一段时间取样,得到纳滤膜的通量和截留率与浸泡时间的关系,如图 4 - 23 所示。纳滤膜的初始通量为 40 L/(m² · h),对 Na$_2$SO$_4$(1000 mg/L)的截留率为 98%。随着浸泡时间的延长,纳滤膜的通量和截留率均发生下降现象,特别是在最初的 24 h,纳滤膜的通量和截留率下降幅度最大。到第 70 h 的时候,纳滤膜的通量下降了将近一半,而截留率则从最初的 98% 下降到 60% 左右。说明在 NaClO 的作用下,NF270 的性能得到了恶化。这与 P. R. Buch 的研究结果非常相似,P. R. Buch 所制备的纳滤膜由脂肪环状二胺单体制备而成。在经受 1000 mg/L、3000 mg/L 和

5000 mg/L 的 NaClO 作用后,与其制备的最初通量相比,通量的下降幅度介于 48% ~ 56%,而其对 2000 mg/L 的 NaCl 的截留率从 78% 下降到 45% 左右,下降幅度非常大。

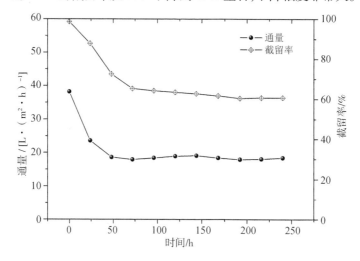

图 4 – 23　NaClO 作用下 NF270 纳滤膜的性能随时间的关系

这是由于 NF270 的功能层结构为 PA,是由哌嗪作为单体制备的含有半芳烃结构的纳滤膜。芳香烃结构中的 PA 键上的 N 原子受到 Cl 的攻击,而由 N—H 键转化为 N—Cl 键,随之而来的 Cl 在苯环上的奥通重排可以破坏分子间的氢键并增加自由体积和聚合物骨架的灵活性,使得纳滤膜中存在较大的盐离子通道。与此同时,上述过程产生的"软"活性层在实验操作压力的作用下得到压缩,使得聚合物链坍塌,因此使纳滤膜通量降低。除此之外,Cl 与纳滤膜的结合将使纳滤膜变得更为疏水,这是造成纳滤膜通量下降的另一个原因。

而盐截留率的变化则是由聚合物链坍塌导致的膜活性皮层的整体性能下降造成的。

2. NaClO 溶液浓度对 NF270 性能的影响

由图 4 – 23 可知,纳滤膜的性能在 70 h 左右趋于稳定。将 NF270 纳滤膜分别浸泡于有效氯含量为 100 mg/L、500 mg/L、1000 mg/L、2000 mg/L 和 3000 mg/L 的 NaClO 溶液中,浸泡时间为 96 h,然后取出测定其对 Na_2SO_4(1000 mg/L)的通量和截留率,实验结果如图4 – 24 所示。

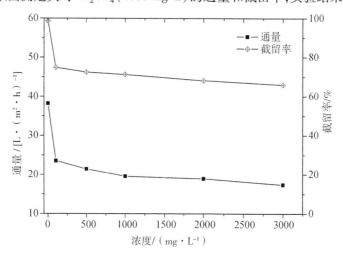

图 4 – 24　NaClO 浓度对 NF270 纳滤膜性能的影响

由图 4 – 24 可见,当 NF270 浸泡于 NaClO 溶液中时,其浓度对纳滤膜的性能影响较为显著。在 100 mg/L 的 NaClO 溶液中,其通量约为 23 L/(m^2 · h),而其截留率则为 73% 左右。当 NaClO 浓度增大时,纳滤膜的性能继续恶化,通量和截留率仍在下降,但是趋势已不明显。这表明游离氯对纳滤膜的攻击能力几乎不随着 NaClO 的浓度而变,但是分子重排作用会随着 NaClO 的浓度增加而延长。

4.5.2　新型纳滤膜的耐氯性能

1. NaClO 溶液浸泡时间对纳滤膜性能的影响

制备不同代数的 NF0、NF1、NF2 纳滤膜,并将其浸泡于 NaClO 溶液(有效氯含量为 1000 mg/L)中,每隔一段时间取出浸泡后的纳滤膜,用去离子水彻底清洗后,在 0.5 MPa 下测其通量,得到纳滤膜的通量与 NaClO 浸泡时间的关系,如图 4 – 25 所示。

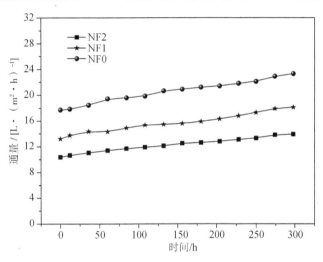

图 4 – 25　纳滤膜在 NaClO 溶液中浸泡时间对膜通量的影响

由图 4 – 25 可见,在所研究的 300 h 范围内,随着浸泡时间的延长,三种纳滤膜的通量均呈现缓慢增加的趋势,且 NF2 的通量增加幅度稍大一些,约增加了 4 L/(m^2 · h)。这一研究结果与 NF270 的结论完全不同,其原因在于 NaClO 处理的由 PAMAM 制备的纳滤膜和 NF270 纳滤膜,其作用机理截然不同。前已述及,NF270 纳滤膜由于受到自由氯的攻击和分子重排,其通量逐渐减小。而此处 PAMAM 制备的纳滤膜通量增加幅度不大,分析其通量变化多是由有机物膜具有的溶胀作用引起的。另外,树状 PAMAM 分子中含有大量的伯胺、仲胺基团,虽然仲胺与伯胺相比反应活性不高,但是在界面聚合过程中,仍会有一些仲胺基团参与反应,生成 PA。正因如此,仲胺基团反应生成的 PA 与氧化性氯接触,其聚合膜结构不易被破坏,耐氯性良好。另外,有研究表明,对于带有芳烃结构的 PA 层结构,由于其分子中苯环的作用,芳香酰胺上的 PA 基团特别易于受到活性氯的攻击,而使纳滤膜的性能急剧恶化。另外,王铎也指出由脂环或者脂肪胺代替芳香胺制备纳滤膜可以提高纳滤膜的耐氯性,但引入脂环或脂肪胺后,会降低膜的机械强度,不宜在压力较高的条件下使用。

下面讨论不同代数纳滤膜经 NaClO(1000 mg/L)处理后,其对 Na_2SO_4(1000 mg/L)的截

留率随时间的变化关系,如图 4 – 26 所示。

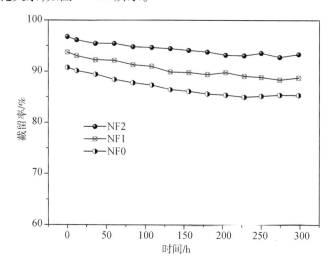

图 4 – 26　纳滤膜在 NaClO 溶液中浸泡时间对截留率的影响

在图 4 – 26 中可以看到,随着浸泡时间的延长,纳滤膜的截留率呈缓慢下降的趋势。在 NaClO 溶液中浸泡 60 h,NF0 对 NaSO$_4$(1000 mg/L)的截留率为 86% 左右,与初始截留率相比,纳滤膜的盐截留率略有下降,这是由纳滤膜的溶胀作用所致,溶胀作用使得纳滤膜的孔径稍有增大,从而降低了纳滤膜对盐的截留性能,但降低程度远远低于 NF270 受氯攻击后的影响程度,因此此处 NaClO 对所制备的 PAMAM 纳滤膜的 N 原子的攻击可以忽略。因此,可以看出由 PAMAM 单体所制备的纳滤膜具有高于现有商品膜 NF270 的耐氯性能,可以作为一种新型的具有耐氯性能的纳滤膜材料。

2. NaClO 溶液浓度对不同代数纳滤膜的性能影响

文献表明,纳滤膜与高浓度自由氯短时间接触和与低浓度自由氯长时间接触的作用结果相同。在本研究中,采取将膜与不同浓度的 NaClO 进行短时间接触以评价纳滤膜的性能。NaClO 溶液(有效氯含量是 100 mg/L、500 mg/L、1000 mg/L、2000 mg/L 和 3000 mg/L),膜片在 0.6 MPa 下用去离子水稳定至少 30 min,然后将纳滤膜在常温下与 100 mg/L、500 mg/L、1000 mg/L、2000 mg/L 和 3000 mg/L 的 NaClO 溶液接触 70 h(将溶液的 pH 值调到 4)。上述实验是在聚四氟乙烯(PTFE)的瓶子中进行的,并在上面加上 PTFE 的盖子。经过 NaClO 处理后的膜使用去离子水彻底清洗,并在图 2 – 2 所示的过滤装置中重新放置,在 0.5 MPa 下采取 Na$_2$SO$_4$(1000 mg/L)溶液进行性能测定。实验结果分别如图 4 –27 和图4 –28所示。

由图 4 –27 可见,在不同浓度的 NaClO 溶液中,NF0、NF1 和 NF2 纳滤膜的通量均随 NaClO 浓度的增大而缓慢增大。由图 4 –28 可知,其对盐的截留率呈逐渐下降的趋势。但上述的通量和截留率的变化幅度均很小。这一结果与前面研究的 NF270 受到 NaClO 作用后的通量和截留率的变化关系不同,说明 NF0、NF1 和 NF2 与 NaClO 作用后并未发生分子结构上的变化。同时,上述研究结果却与 Wei 的研究结果非常相似,即 NaClO 作用后,纳滤膜的通量略有增大,截留率略有减小。

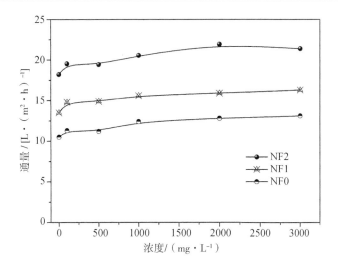

图 4 - 27　NaClO 浓度对不同代数纳滤膜通量的影响

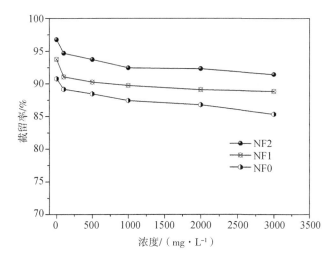

图 4 - 28　NaClO 浓度对不同代数纳滤膜性能的影响

　　由于本研究中所采取的 NaClO 的浓度还不致将酰胺键破坏掉,因此,纳滤膜截留率的下降并不是由酰胺键的断裂引起的。然而,在上述 NaClO 的作用下,膜的活性层中的酰胺Ⅱ代经氯化作用后可能发生变化且破坏了纳滤膜内部结构中的氢键,这可能是纳滤膜截留率下降的主要原因之一;另外高分子聚合的溶胀作用也会引起其孔径变化,最终会引起截留率的下降。

4.5.3　NaClO 处理新型纳滤膜前后的红外光谱分析

　　以 PAMAM(G2.0)为单体制备纳滤膜,并将其在 NaClO(1000 mg/L)溶液中浸泡 72 h后取出,进行红外光谱的表征,实验结果如图 4 - 29 所示。下面主要讨论经 NaClO 处理后峰形的变化情况。

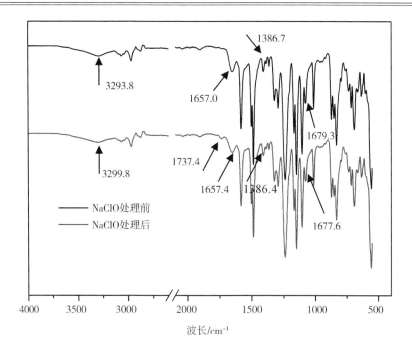

图 4 - 29 NaClO 处理前后的纳滤膜光谱

由图 4 - 29 可见,这两条谱图均在 1386 cm⁻¹左右有 C—N 伸缩峰,这一峰的位置并未发生改变。未经 NaClO 处理的纳滤膜在 1657.0 cm⁻¹处出现酰胺 I 代的羰基(C ＝O)伸缩峰,处理后则出峰位置在 1657.4 cm⁻¹,影响程度非常小,说明此时 Cl 元素并未对此羰基产生多大影响。从 Kang 和 Kwon 的研究中可以明显可以看到,由芳烃制备的 PA 纳滤膜,其中的酰胺 I 代发生了明显的移动,且由于酰胺 I 代中的氢键消失,造成红外光谱中的部分官能团消失,表明游离氯会严重破坏氢键,并引起膜性能的恶化。

处理前纳滤膜在 3293.8 cm⁻¹处的 N—H 伸缩峰转变为处理后的 3299.8 cm⁻¹,说明在 NaClO 的作用下,N—H 受到了影响,Cl 元素和膜表面酰胺基团上的 N 相结合。另外,对比处理前后的纳滤膜红外谱图,可见上述两个谱图中最显著的变化是处理后在 1737.4 cm⁻¹处增加了一个新的峰值,这表明在上述过程中所制备的纳滤膜的结构发生了变化。一般来讲,1737 cm⁻¹处的吸收峰仍是羰基(C ＝O)的伸缩振动峰。

红外光谱中各个峰值的变化情况表明了纳滤膜经过 NaClO 处理后,Cl 元素对纳滤膜的 N—H 键影响较大,从而造成 N—H 的伸缩峰向左移动。因此,可以看出由 PAMAM 单体制备的纳滤膜具有一定的耐氯性能。但 Cl 元素并未影响到酰胺 I 代,且从纳滤膜性能测试来看,其性能并未出现严重恶化现象。

4.6 本 章 小 结

本章采用界面聚合的方法,在聚砜超滤膜的表面以树状 PAMAM 和 TMC 为反应单体制备纳滤膜;优化了纳滤膜的制备条件,并通过现代分析技术对其进行一系列表征;考察了纳滤膜的通量和分离性能,研究了纳滤膜表面电性的变化规律;最后讨论了所制备纳滤膜的

耐氯性能,并将其与商品纳滤膜 NF270 进行了对比研究。所得实验结论如下:

(1)以 PAMAM(G0)为单体制备纳滤膜的正交实验结果表明,热处理温度始终是影响纳滤膜通量和截留率的主要因素,而 PAMAM 浓度对纳滤膜性能的影响不显著。确定纳滤膜制备的最优条件是 PAMAM 浓度为 0.25% ,TMC 浓度为 0.3% ,界面聚合时间为 120 s,热处理温度为 80 ℃,热处理时间为 15 min。对于以 PAMAM(G1.0)和 PAMAM(G2.0)为单体制备的纳滤膜,水相单体浓度对纳滤膜的性能影响不大。

(2)PAMAM 单体的代数越高,所制备纳滤膜表面的粗糙度越大,接触角越小,表明代数越高,纳滤膜的亲水性越强。由 PAMAM(G0)、PAMAM(G1.0)、PAMAM(G2.0)制备的纳滤膜所对应的切割分子量分别为 860 g/mol、710 g/mol 和 680 g/mol,表明纳滤膜的孔径随着 PAMAM 单体代数的升高而减小。

(3)随着 PAMAM 单体代数的升高,纳滤膜的水通量满足 NF0 > NF1 > NF2,而对 Na_2SO_4 的截留率顺序是 NF0 > NF2 > NF1。纳滤膜的通量和截留率随压力的增大而增大,随盐浓度的增大而减小。

(4)纳滤膜的表面电性可以通过制备条件的改变而进行调节。随着制备单体 PAMAM 与 TMC 的浓度比从 1.25 变化到 20,其表面 Zeta 电位则从 −17.1 mV 变化到 −1.45 mV,即可以通过提高反应单体中氨基的数量来改变纳滤膜表面的带电性能。且界面聚合时间的缩短,PAMAM 单体代数的升高,都会引起纳滤膜的电性趋向于正电方向变化。NF0、NF1、NF2 分别对 Na_2SO_4、$MgSO_4$、$MgCl_2$ 具有较高的截留率。

(5)在 NaClO(100 ~ 3000 mg/L)的作用下,由 PAMAM 单体制备的纳滤膜的通量略有上升,而截留率则略有下降。这表明在游离氯的作用下,由于 PAMAM 分子的支化开链结构,纳滤膜中未形成 N—Cl 键,聚酰胺结构没有发生断裂现象,纳滤膜的性能比较稳定。由此可见,由 PAMAM 单体制备的纳滤膜表现出较强的耐受能力。

第5章 有机-无机杂化纳滤膜制备及其性能研究

5.1 引　言

纳滤膜中皮层结构是决定纳滤膜性能的关键,特别是有机-无机杂化膜能够综合有机膜和无机膜的优点,在膜制备领域得到了很多应用。本章将讨论将亲水性的无机纳米 SiO_2 粒子(平均粒径为 15 nm 左右)添加到纳滤膜的活性层 PA 中,以制备有机-无机杂化 PA-SiO_2 复合纳滤膜。

首先优化了纳米 SiO_2 粒子在不同代数 PAMAM 水相单体中的分散性能,并制备了 PA-SiO_2 复合纳滤膜;其次对上述制备得到的 PA-SiO_2 复合纳滤膜进行表征,包括利用红外光谱分析其表面化学结构,利用场发射扫描电子显微镜 FESEM 考察其表面形态等;最后考察了 PA-SiO_2 复合纳滤膜的分离特性,即操作压力、料液浓度、酸碱度等对膜分离性能的影响,以及对纳米 SiO_2 粒子在纳滤膜表面的稳定性进行分析。

5.2 SiO_2 在水相单体中的分散

本研究所使用的纳米 SiO_2 粒子大小为 1~100 nm,由于纳米粒子的粒径近似于胶体粒子,所以可以用胶体的稳定理论来近似讨论纳米粒子的分散性。纳米颗粒细化到纳米级后,比表面积大,且表面原子的比例高达 90%,原子几乎全部集中在颗粒表面,处于高度活化状态,导致表面原子具有非常高的表面能。且其表面积累了大量的负电荷,造成电荷的聚集,使其表面能量处于不稳定状态,因而细微的颗粒都趋向于聚集在一起,形成团聚状的二次颗粒甚至三次颗粒,使粒子的粒径变大,即发生团聚,并通过团聚达到稳定状态。

目前,将纳米粒子分散时,提高分散液稳定性的方法主要有分散剂法和改性法等。纳米粒子在液相中的分散过程包括以下三个步骤:

(1)超细粒子在液相中的润湿;

(2)团聚体在机械力作用下被打开成独立的原生粒子或较小的团聚体;

(3)将原生粒子或较小团聚体稳定,防止再次发生团聚现象。

为了提高纳米 SiO_2 粒子的分散性,本研究通过向纳米 SiO_2 分散体系添加表面活性剂 SDS,以优化粒子的分散过程。具体过程如下:以浓度为 0.25% 的 PAMAM(G0)水溶液作为单体,分别配制 SiO_2 含量(质量分数,下同)为 1%~3% 的水溶液。对比添加 SDS 前后纳米 SiO_2 在水溶液中的粒径分布情况。

5.2.1　未使用 SDS 时纳米 SiO_2 粒子在水溶液中的分散效果

图 5 - 1 给出了未使用 SDS 时,不同含量的 SiO_2 在 PAMAM 水溶液中的粒径分布情况。

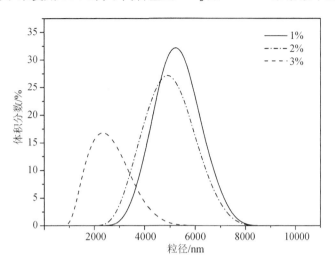

图 5 - 1　未添加 SDS 时纳米 SiO_2 含量对其粒径的影响

由图 5 - 1 可见,纳米 SiO_2 粒子的添加量为 1% 时,纳米粒子的粒径主要集中在 5000 ~ 7000 nm;添加量为 2% 时,粒径主要集中在 4000 ~ 6000 nm;而添加量为 3% 时对应的粒径为 2000 ~ 3000 nm。溶液中纳米粒子的粒径远远大于商品纳米粒子的粒径,因此以上测定结果表明,未加表面活性剂分散时,纳米粒子的团聚现象非常严重。

5.2.2　使用 SDS 时纳米 SiO_2 粒子在水溶液中的分散效果

图 5 - 2 是在浓度为 0.25% 的 PAMAM(G0)水溶液单体中添加 1% ~ 3% SDS 之后的纳米粒子的粒径变化情况。由图可见,SDS 的加入将减小纳米 SiO_2 粒子的粒径,添加量为 1% ~ 3% 时,粒径主要集中在 400 ~ 500 nm,SDS 的加入对纳米粒子的粒径分布有很大的改善。而且加入 SDS 后,粒径分布较宽,有相当一部分粒径落在了粒径比较小的范围内。这可能是由于搅拌或超声时间不足,而未实现纳米粒子的完全分散造成的。从以上实验结果可知,SDS 含量控制在 1% 即可有效减少 SiO_2 的团聚现象。

接下来考察纳米 SiO_2 粒子在不同代数的 PAMAM(G0 ~ G2.0)中的分散效果,水相单体中 PAMAM 浓度都是 0.25%,如图 5 - 3 所示。由图 5 - 3 可见,在 G0 代到 G2.0代的 PAMAM 水相单体,纳米 SiO_2 粒径均为 200 ~ 600 nm。且 PAMAM 的代数越高,无机粒子的分散粒径越小。这是由于 PAMAM 代数越高,其分子内部具有更大的空腔结构,给纳米粒子更多的容纳和分散空间,从而有效减小了纳米粒子的粒径。

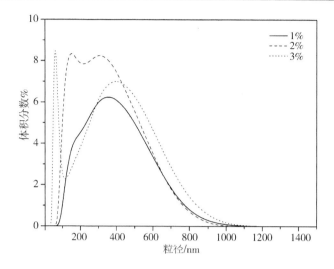

图 5 – 2　添加 SDS 后不同含量的纳米 SiO₂ 粒径的体积分布

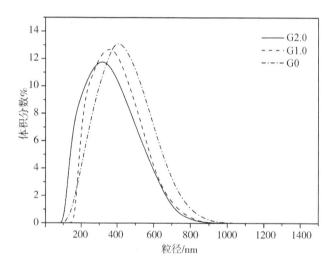

图 5 – 3　纳米 SiO₂ 粒子在不同代数的 PAMAM 中的体积分布

5.3　有机 – 无机杂化膜的表征

5.3.1　红外光谱分析

PA 纳滤膜和 PA – SiO₂ 复合纳滤膜的红外光谱如图 5 – 4 所示。上述纳滤膜是由 PAMAM(G0)制备得到的,其中纳米 SiO₂ 的含量分别为 1% ~ 3%。这四条谱图均在 2838 cm⁻¹ 和 2928 cm⁻¹ 处具有 C—H 吸收峰,并且在 1386 cm⁻¹ 处具有 C—N 伸缩振动峰和平面 N—H 变形酰胺Ⅲ代吸收峰。与 PA 纳滤膜相比,不同 SiO₂ 含量的红外光谱中仍然清晰地表现出在 1658 cm^{-1}处的酰胺 I 代中的羰基(C ═O)伸缩振动峰,在 1585 cm^{-1}处的酰胺 II 代(C—N)伸缩振动峰,以及在 3300 cm^{-1}处的 N—H 伸缩峰。上面各个峰的出现,表明在超滤膜表面,通过 PAMAM 和 TMC 单体间的聚合反应确实在 PSF 超滤膜表面发生了反应,且形成的活性皮层中含有酰胺基团、胺基基团和烷基基团。Li 等的研究结果也有相似的结论。从 PA－SiO$_2$曲线可以看出,由于—Si—O—Si—的特征吸收峰约在 1100 cm^{-1}区域,红外光谱中表示的样品表面约在 1076 cm^{-1}处的—Si—O—Si—峰与其他样品峰重叠并覆盖,表明纳米 SiO$_2$粒子确实存在于膜表面。随着纳米 SiO$_2$粒子含量的增加,在 1076 cm^{-1}吸收波长处峰的强度得到增强,表明在活性皮层中更多的 Si 积累在膜表面。Jadav 在研究中也得到了相似的结论。与此同时,IR 的基线向 PA－SiO$_2$复合纳滤膜漂移,且向着较高的硅含量(约 3%)处漂移,这表明硅元素在 PA 纳滤膜中的引入已经对复合纳滤膜表面进行了改性,是由于引起了宏观的(厘米尺度范围)表面粗糙度的改变。

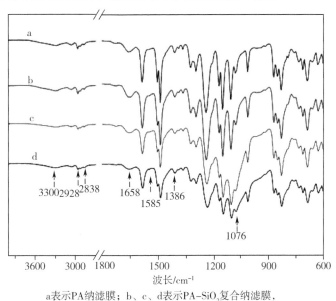

a表示PA纳滤膜；b、c、d表示PA–SiO$_2$复合纳滤膜,
SiO$_2$含量分别为1%、2%、3%。

图 5－4　PA 纳滤膜和 PA－SiO$_2$纳滤膜的红外光谱图

5.3.2　扫描电子显微镜分析

1. G0 代 PAMAM 单体制备的 PA－SiO$_2$复合纳滤膜扫描电子显微镜分析

由 G0 代 PAMAM 单体制备的 NF0 和 NF0－SiO$_2$纳米复合膜,其中纳米 SiO$_2$在水相中的含量为 1% 。NF0 和 NF0－SiO$_2$的表面形态通过 FESEM 扫描分析后如图 5－5 所示。

由图 5－5 可见,PA 纳滤膜表面在放大倍数 100 000 × 下是密实的、粗糙的,并且分布着细微的、突起的结构,表面紧密覆盖着球状的珠状物,在表面上基本看不到孔。纳米 SiO$_2$粒子在水相中添加量为 1.0% 时所制备的 PA－SiO$_2$复合纳滤膜,当放大倍数为 10 000 × 和 40 000 × 时,纳米粒子均匀地分布在膜的表面,并且膜表面很粗糙,其上的孔可以清晰地看到。为进一步观察纳米 SiO$_2$粒子在纳滤膜活性皮层中的分布情况,对 PA－SiO$_2$复合纳滤膜又进行了更大倍数(100 000×)的观察,可以看到,此时纳米 SiO₂粒子仍然均匀地分布在纳滤膜表面。

（a）纳滤膜PA（100 000×） （b）PA-SiO₂复合纳滤膜（5000×）

（c）PA-SiO₂复合纳滤膜（40 000×） （d）PA-SiO₂复合纳滤膜（100 000×）

图 5 – 5　PA 纳滤膜和 PA – SiO₂复合纳滤膜的 FESEM 图像

2. 不同代数单体制备的 PA – SiO₂扫描电子显微镜分析

图 5 – 6 给出了高代数 PAMAM 单体制备的含 SiO₂纳滤膜。由图 5 – 6 可以看出,对于 NF1 – SiO₂和 NF2 – SiO₂纳滤膜,纳米 SiO₂粒子在其表面的分布更为均匀。在膜表面可以清晰地看到纳米粒子在膜表面所形成的孔洞。且代数越高,纳滤膜表面更为平整,粗糙度呈降低的状态。这是由于代数越高,PAMAM 单体所具有的支化程度越大,在 PAMAM 分子中间更易具有较大的空腔结构来容纳无机纳米粒子,从而使更多的无机粒子存在于 PAMAM 聚合物的分子中间,将与 PAMAM 单体间以分子间的静电作用力吸附在 PAMAM 分子表面。因此,由图 5 – 6 可以看出,膜表面的粗糙度随着 PAMAM 单体代数的升高而减小。

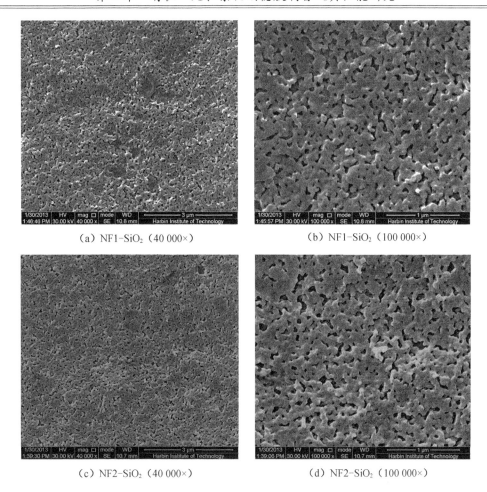

（a）NF1-SiO$_2$（40 000×）　　　　（b）NF1-SiO$_2$（100 000×）

（c）NF2-SiO$_2$（40 000×）　　　　（d）NF2-SiO$_2$（100 000×）

图 5 - 6　G1.0 ~ G2.0 代 PAMAM 制备纳滤膜含 SiO$_2$ 的 FESEM 图

5.3.3　X - 射线光电子能谱分析

图 5 - 7 给出了 PA - SiO$_2$ 复合纳滤膜的 XPS 宽扫描光谱图。XPS 宽扫描揭示了在负载 SiO$_2$ 后纳滤皮层结构上化学变化的一些纳米尺度的信息。所检测的 PA - SiO$_2$ 复合纳滤膜是由 PAMAM（G0）水相中含有 1% 的 SiO$_2$ 制备得到的。由图 5 - 7 可见,纳滤膜的 XPS 光谱中存在碳元素（285.12 eV）、氮元素（285.12 eV）、氧元素（532.5 eV）、硅元素（103.63 eV, 2p;153.39 eV,2s）和硫元素（168.63 eV）。而 102 eV 附近的结合能所对应的峰则是 Si—O—Si 键。说明已经将硅元素包埋在纳滤膜表面中了。

下面通过窄扫描对纳滤膜表面的纳米 SiO$_2$ 粒子的含量信息及纳米复合膜中另外几种元素的含量进行 XPS 分析,检测结果如图 5 - 8 所示。由图 5 - 8 可以看到,碳元素（289.12 eV）、氮元素（403.9 eV）、氧元素（536.5 eV）和硅元素（108.63 eV,2p）这几种主要元素被检测出来,而其他的硅元素（153.39 eV,2s）并未在此处体现出来。其中氧元素是在皮层中的 C—O 键中存在的,或者存在于超滤膜中的 S—O 键。在 PA - SiO$_2$ 复合纳滤膜中出现的533.5 eV 处的峰是与 Si—O 基团相关联的,而大约在 108.63 eV 处出现一个峰值,它来源于 Si—O—Si 键。上述用于检测的膜是 SiO$_2$ 在水相单体中含量为 1% 时制备的膜。通过 XPS 检测到复合膜中各元素的含量分别如下：$w(C) = 63.57\%$，$w(O) = 27.03\%$，$w(N) = 5.98\%$，$w(Si) = 2.95\%$，$w(S) = 0.47\%$。硫元素可能来源于超滤支撑膜的砜基键中。

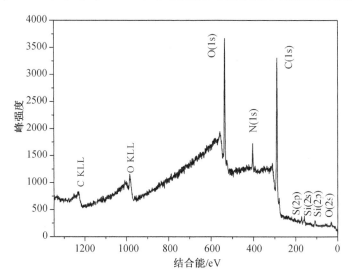

图 5 - 7　PA - SiO₂复合纳滤膜的 XPS 光谱图（碳、氮、氧及硅元素）

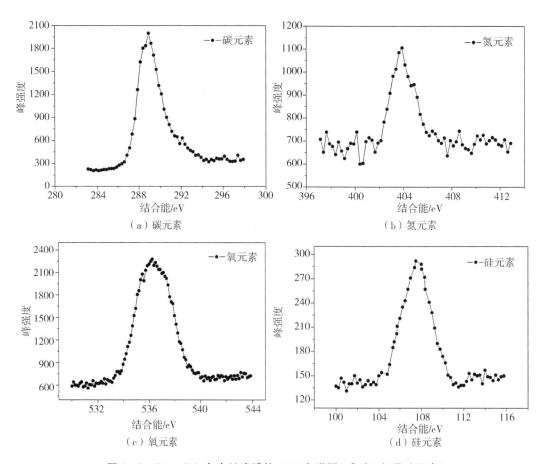

图 5 - 8　PA - SiO₂复合纳滤膜的 XPS 光谱图（碳、氮、氧及硅元素）

5.3.4　原子力显微镜分析

复合纳滤膜的原子力显微镜(AFM)表面分析技术用于进一步研究 PA 纳滤膜和 PA - SiO$_2$ 复合纳滤膜的表面形态。PA - SiO$_2$ 复合纳滤膜采用 PAMAM(G0)作为制膜单体,且 SiO$_2$ 添加量分别为 1%、2% 和 3%。PA 纳滤膜和 PA - SiO$_2$ 复合纳滤膜的 AFM 图像如图 5 - 9 所示。

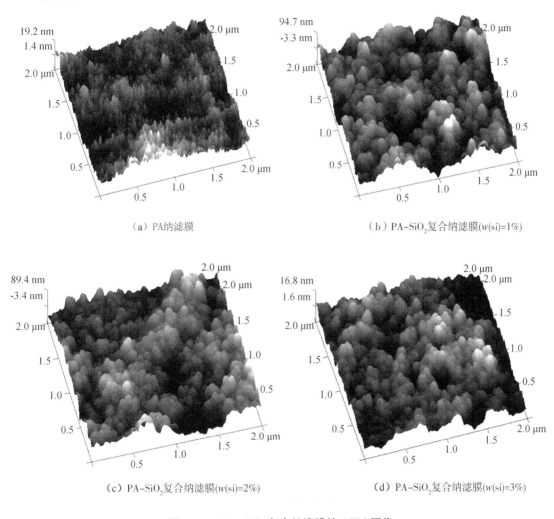

（a）PA 纳滤膜　　　　　　　　　　　（b）PA-SiO$_2$ 复合纳滤膜(w(si)=1%)

（c）PA-SiO$_2$ 复合纳滤膜(w(si)=2%)　　　　（d）PA-SiO$_2$ 复合纳滤膜(w(si)=3%)

图 5 - 9　PA - SiO$_2$ 复合纳滤膜的 AFM 图像

由图 5 - 9 可见,在 PA 纳滤膜和 PA - SiO$_2$ 复合纳滤膜表面可以看到微小的结节结构,在先前的 FESEM 图像研究中,可以观察到 PA 纳滤膜和 PA - SiO$_2$ 复合纳滤膜具有类似的结构。在图 5 - 9 中可以看到,PA - SiO$_2$ 复合纳滤膜的峰谷结构要比纯的 PA 纳滤膜更为明显,纯 PA 纳滤膜的粗糙度为 8.72 nm,当 SiO$_2$ 的含量分别为 1%、2% 和 3% 时,相应的 PA - SiO$_2$ 复合纳滤膜的粗糙度分别为 28.1 nm、34.3 nm 和 36.5 nm,这表明纳米复合膜的表面粗糙度随着聚合物中纳米粒子含量的增加而增大。正如 Boussu 和 Lee 所报道的那样,随着纳米粒子添加量的增多,膜的有效面积增大,此时会有效增大膜的通量。然而,表面粗糙度的增大,使污染物更容易吸附在膜表面上,从而增加膜的污染性。

5.3.5 接触角分析

接触角反映了材料的亲水性能。实验中检测了 PA 纳滤膜和 PA - SiO₂复合纳滤膜的接触角,分析结果如图 5 - 10 所示。可以明显地看到,当纳滤膜中加入纳米 SiO₂粒子时,膜的接触角呈下降趋势。接触角的大小与 SiO₂的含量呈反比,且当其含量超过2%时,接触角的值几乎不再改变。这是由于纳米 SiO₂粒子易于在其表面吸附羟基,而羟基是亲水基团,有利于提高膜表面的亲水性。随着 SiO₂含量的增大,纳滤膜表面吸附了更多的无机粒子并包埋于膜的表面,这将降低膜的接触角。但是当更多的 SiO₂加入,直至含量超过2%时,膜表面的水接触角几乎不再改变,这是由于 SiO₂的黏度上升,并发生严重的团聚现象;与此同时,SiO₂堆积密度增大,使得粒子的比表面积减小,从而导致随着 SiO₂添加量的增加,暴露在外的羟基数量减少,特别是与水相接触的那一侧,因此膜的接触角稍有上升,但升高幅度不大。

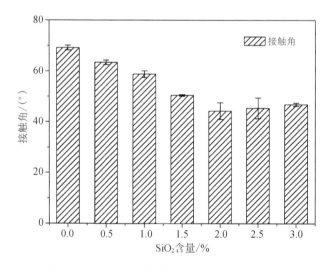

图 5 - 10　SiO₂含量对纳滤膜的接触角的影响

5.3.6 机械强度分析

机械强度和断裂伸长率实验结果如图 5 - 11 所示。随着 SiO₂添加量的增加,机械强度和断裂伸长率呈增加趋势,这表明无机氧化纳米粒子的加入能在某种程度上增加其机械强度。如文献所述,聚合物链和无机氧化纳米粒子之间的分子间作用力使得聚合物链的自由运动受到了限制。与此同时,无机纳米粒子被聚合物链互相扭曲的链段所固定,因此膜的机械强度得到了提高。

当纳米 SiO₂粒子的含量超过2%时,膜的机械强度几乎不再改变,这是由于纳米粒子仅存在于膜的表面,当 SiO₂的含量增加时,会适当地削弱活性层和基膜之间的作用力,此时,纳米粒子对于膜的机械强度方面的贡献则变得不明显了。

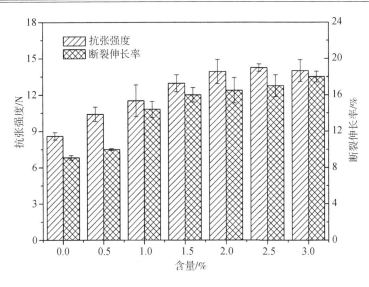

图 5 - 11　PA - SiO₂ 复合纳滤膜的抗张强度与断裂伸长率实验

5.3.7　热解温度分析

图 5 - 12 中表示的是 PA 纳滤膜和 PA - SiO₂ 复合纳滤膜的热重分析图。其中 PA - SiO₂ 复合纳滤膜中无机粒子的添加量分别是 1% 和 2%。所有的 PA 纳滤膜曲线和 PA - SiO₂ 复合纳滤膜曲线非常相似,具有两个主要的质量损失区域。对于 PA 纳滤膜来说,第一个区域的温度范围在 380 ~ 480 ℃,这是由 PA 聚合物膜的分解造成的,在这一区域的总质量损失大约是 68%。第二个质量损失区域范围在 510 ~ 560 ℃,这是由 PA 聚合物膜的骨架分裂造成的,此时的质量损失大约是 76%。而对于 PA - SiO₂ 复合纳滤膜,表现出的第一质量损失区域是在 380 ~ 500 ℃,第一个温度转换点接近于 400 ℃。这一阶段的质量损失,SiO₂ 含量是 1% 时,约为 62%;SiO₂ 含量是 2% 时,约为 60%。第二个质量损失阶段是在 510 ~ 600 ℃,在这一温度范围 PA 骨架解体;在 600 ℃ 时,整体的温度损失在 73% 左右。

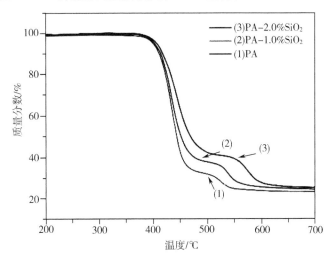

图 5 - 12　PA 纳滤膜和 PA - SiO₂ 复合纳滤膜的 TGA 曲线分析

总之,PA - SiO₂ 复合纳滤膜的分解峰移向了更高温度,这表明 PA - SiO₂ 复合纳滤膜具有更高的分解温度。纳米粒子的含量越高,热分解温度越高。总之,对于复合纳滤膜来说,在最初的质量损失阶段,SiO_2 与聚合物膜的作用力是通过物理键(如静电力、氢键力结合)使分解温度升高的。对于 $PA - SiO_2$ 复合纳滤膜,TGA 分析曲线的偏移现象可以这样解释:当引入纳米 SiO_2 粒子时,加热时聚酰胺大分子链的运动受到了限制。因此,可以得出这样的结论,当向聚合物 PA 中加入 SiO_2 时,整体纳滤膜的热稳定性能得到了提高。这一结论与 Jadav 等的研究结果是非常相似的。

5.3.8 Zeta 电位分析

一般来说,纳滤膜表面的电性可以通过对膜表面的 Zeta 电位检测得到。$PA - SiO_2$ 复合纳滤膜是在 PAMAM(G0)水溶液中制备的,添加纳米粒子的量是 1%。检测电位时所用的盐溶液分别为 $CaCl_2$、$MgCl_2$、Na_2SO_4,其质量浓度均为 500 mg/L,pH = 7,检测结果见表5 - 1。可以看出,无论是 PA 纳滤膜还是 $PA - SiO_2$ 复合纳滤膜,其表面都是带有负电的。Li 的研究表明,以 PAMAM 为单体制备的纳滤膜表面是带有正电的,是因为在其研究过程中始终保持 PAMAM 过量,因此可以在纳滤膜表面提供更多的正电荷。在表5 - 1 中,当测试溶液是 $CaCl_2$ 和 $MgCl_2$ 时,PA 纳滤膜表面的电荷数几乎为 0,这是由于此时 Ca^{2+}、Mg^{2+} 大量地吸附到纳滤膜的表面,从而引起膜表面电量的绝对值下降。

表5 -1　PA 纳滤膜和 $PA - SiO_2$ 复合纳滤膜的 Zeta 电位分析

膜片	Zeta 电位/mV			
	$CaCl_2$(pH = 7.10)	$MgCl_2$(pH = 5.87)	Na_2SO_4(pH = 6.28)	KCl(pH = 6)
$PA - SiO_2$	- 14.33	- 7.31	- 21.43	- 20.56
PA	- 2.92	- 4.79	- 17.6	- 16.78

为了减小阳离子在膜表面的吸附影响,稀释的 KCl 溶液(0.001 mol/L)被用作检测的介质。PA 纳滤膜和 $PA - SiO_2$ 复合纳滤膜的表面电位是 - 16.78 mV 和 - 20.56 mV,这一检测结果与测试液体是 Na_2SO_4 时所对应的表面电位值非常接近。

对于 $PA - SiO_2$ 复合纳滤膜来说,其表面电位值总是比 PA 纳滤膜的电位值更负一些,PA 纳滤膜表面的负电荷通常是由其表面的羧酸基团引起的。对于 $PA - SiO_2$ 复合纳滤膜来说,其表面电荷更负,这是由吸附到纳米 SiO_2 颗粒表面的羟基基团引起的;同时,在膜制备过程中,由酰氯基团水解产生的羧酸也是膜表面负电荷产生的原因。

5.3.9 纳滤膜孔径分析

为了获得纳滤膜的有效孔径,Bowen 等和 C. Labbez 等运用唐南 - 静电分割模型(DSPM)对孔径进行确定。这一模型基于扩展的 Nernst - Planck(ENP)方程来描述离子/中性溶质通过膜的传递过程。这一模型假定膜是多孔的,在考虑尺寸筛分效应的同时,也考虑到空间位阻作用。

通过 PA 纳滤膜得到的 PEG1000 和 PEG600 的拟合曲线如图5 - 13 所示。此处 J_V 代表过滤过程中的渗透通量,而截留率随着通量的增大而增大。PEG1000 的截留率达到了 90%,而 PEG600 的截留率达到了 70%。可以得出结论:PA - SiO$_2$ 复合纳滤膜的切割分子量约为 1000 g/mol,PA 纳滤膜和 PA - SiO$_2$ 复合纳滤膜的特征参数(包括有效孔径(r_p)和有效膜厚度与孔隙率的比值)被确定。

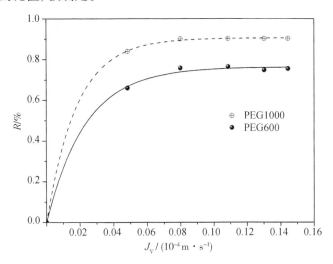

图 5 - 13　PA 纳滤膜的聚乙二醇截留率与通量之间的关系

PA 纳滤膜和 PA - SiO$_2$ 复合纳滤膜的 r_p 值列于表 5 - 2 中,其中 r_s 代表溶质 PEG600 和 PEG1000 的粒子直径,制备纳滤膜时,SiO$_2$ 在水溶液中的含量是 1%。对于 PA 纳滤膜来说,当分离 PEG600 时,r_p 是 1.04 nm;而使用 PEG1000 时,r_p 是 0.91 nm,得到了平均的孔径 0.98 nm。PA - SiO$_2$(G0)复合纳滤膜的孔径是 1.11 nm,这个数值比 PA 纳滤膜的孔径略大,随着 PAMAM 的代数升高到 G1.0,孔径则轻微下降到 1.03 nm,比 PAMAM(G0)的略小,这是由于在 PAMAM(G1.0)分子表面存在更多的胺基基团,这将提供更多的反应位置,导致 PAMAM(G1.0)形成的膜更加致密。可以得出结论:在 PA 纳滤膜表面添加纳米 SiO$_2$ 粒子,将轻微地扩大孔径,PAMAM 的代数越高,所得到的纳滤膜的孔径越小。

表 5 - 2　使用 DSPM 模型对 PEG 进行拟合的结果

MW(PEG)/Da	r_s/nm	r_p/nm			
		PA(G0)	PA - SiO$_2$(G0)	PA - SiO$_2$(G1.0)	PA - SiO$_2$(G2.0)
600	0.63	1.04	1.08	1.05	1.03
1000	0.83	0.91	1.13	1.01	0.99
平均孔径	0.98	1.11	1.03	1.01	

5.4　有机－无机杂化纳滤膜的性能研究

5.4.1　纳米 SiO_2 含量对膜通量和截留率的影响

表 5-3 给出了纳米 SiO_2 含量对 PA-SiO_2 复合纳滤膜的通量和截留率等性能的影响。在 0.5 MPa 下,测试 Na_2SO_4(1000 mg/L)溶液。可以看出,纳滤膜的通量随着 SiO_2 的加入表现出逐渐增加的趋势;而截留率却相反,表现出逐渐下降的趋势。通量的增加是由于 SiO_2 易于吸附—OH 而具有较强的亲水性能,因此 PA-SiO_2 复合纳滤膜具有较好的亲水性;但是当纳米 SiO_2 粒子的含量超过 2% 时,有相当多的 SiO_2 粒子上的—OH 被包埋于膜的内部,此时增加纳米粒子,通量的增加不再显著。且 SiO_2 粒子的含量越大,纳滤膜表面的高分子聚合物很难将纳米粒子包覆在其内部结构中,甚至影响了纳滤皮层的交联度,因此纳滤膜的通量急剧上升。与此同时,随着 SiO_2 的加入,纳滤膜的盐截留能力下降。这说明虽然 PA-SiO_2 复合纳滤膜的电负性更强,但随着纳米粒子的加入,其在聚合物中形成更为疏松的骨架结构,从而使盐离子不易被纳滤膜截留,且当纳米粒子含量超过 3% 时,纳滤膜的盐截留率已经降低到 55% 左右。根据以上分析可见,纳米粒子的添加并非越多越好,而是应该控制在 1% 左右。

表 5-3　SiO_2 含量对纳滤膜性能的影响

SiO_2含量/ %	通量/$[L \cdot (m^2 \cdot h)^{-1}]$	截留率/%
0	7.8	92.3
1	13.99	87.57
1.5	15	78.5
2	15.38	79.95
2.5	17.11	72.74
3	22.96	55.24

5.4.2　操作压力对膜通量的影响

操作压力对 PA 纳滤膜和 PA-SiO_2 复合纳滤膜的影响如图 5-14 所示。测试的盐溶液是 Na_2SO_4,其浓度范围是 1000~4000 mg/L。PA-SiO_2 复合纳滤膜是通过在 G0 代水溶液中加入含量为 1% 的纳米 SiO_2 粒子制备的,当盐的浓度为 1000 mg/L、操作压力为 0.5 MPa 时,PA-SiO_2 复合纳滤膜的通量比 PA 纳滤膜增加了 50% 以上。

这是由于当纳米 SiO_2 加入皮层中时,PA-SiO_2 复合纳滤膜的亲水性和粗糙度增大,由于纳米 SiO_2 易于吸附—OH,因此纳滤膜表面形成的 Si—OH 官能团有利于提高其亲水性。随着 SiO_2 量的增多,更多的纳米 SiO_2 被吸附和包埋于纳滤膜表面,纳滤膜的接触角减小。

同样,研究也表明了添加 SiO₂ 粒子会使得膜的亲水性得到提高,并且其亲水性的提高将增加膜的通量。如图 5 - 14 所示,在所测试的压力范围内,随着操作压力的增加,通量与压力间呈线性关系。Du 和 Zha 也提出了相似的压力和浓度对通量的影响呈线性关系这一规律。一般来说,较高的操作压力会带来较高的通量。Cheryan 定义了一个在低压区时的压力控制区域,以及在较高压力时的质量传递控制区域。在质量传递控制区域,当料液的浓度增加时,通量会轻微上升并趋于保持不变。

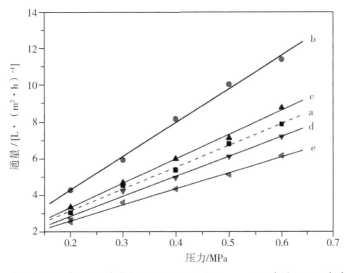

a 表示 PA 纳滤膜,测试溶液为 Na₂SO₄(1000 mg/L);b、c、d、e 表示 PA-SiO₂ 复合纳滤膜,
Na₂SO₄ 浓度分别为 1000 mg/L、2000 mg/L、3000 mg/L、4000 mg/L。

图 5 - 14 PA 纳滤膜和 PA - SiO₂ 复合纳滤膜的通量

随着盐浓度的增大,通量呈逐渐下降的趋势,并且在实验研究浓度范围内,其下降的幅度不是很大。总体来说,进料的浓度越大,则其渗透压越大,对应的通量较小。这是由于高浓度时,溶液中各离子间存在极大的静电排斥力,且各个盐离子与膜表面的排斥作用也较大。进料浓度在膜分离过程中起到非常大的作用。对 PA 纳滤膜和 PA - SiO₂ 复合纳滤膜来说,随着压力的增大,通量也呈逐渐增加的趋势,这一结果与用于分离有机溶剂的纳滤膜的研究结果保持一致。

5.4.3 料液浓度对膜截留率的影响

图 5 - 15 表明了 Na₂SO₄ 的浓度及操作压力对 PA 纳滤膜和 PA - SiO₂ 复合纳滤膜截留率的影响。Na₂SO₄ 溶液的起始浓度是 1000 mg/L,当处理相同浓度的 Na₂SO₄ 溶液时,PA - SiO₂ 复合纳滤膜的截留率始终略低于 PA 纳滤膜。当将纳米 SiO₂ 粒子加入 NF 膜中时,会形成稍大一些的膜孔径,并且建立起由 SiO₂ 堆积起来的膜孔,这是减小截留率的一个原因。同时,界面聚合反应的速度是与 PAMAM 分子扩散到反应界面的速度相关的,当添加 SiO₂ 时,水相溶液黏度会增大,进而增加 PAMAM 的扩散速度,从而影响在 PSF 膜表面形成的活性层的致密度。

总之,在不同操作压力下盐溶液的截留率的变化趋势是非常相似的。随着操作压力的增大,截留率首先快速增大,然后增大幅度放缓并趋于不变。

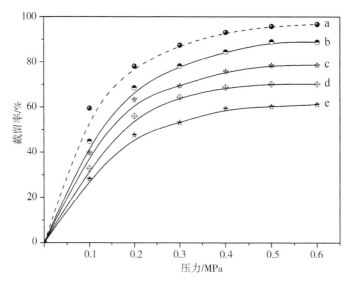

a表示PA纳滤膜,测试溶液为Na$_2$SO$_4$(1000 mg/L);b、c、d、e表示PA–SiO$_2$复合纳滤膜,Na$_2$SO$_4$浓度分别为1000 mg/L、2000 mg/L、3000 mg/L、4000 mg/L。

图5–15　PA 纳滤膜和 PA–SiO$_2$ 复合纳滤膜的盐截留性能

截留率与压力间的反比关系可以揭示出盐溶液的分离机理。在较高压力下,所对应的盐截留率非常大,这与人们普遍认同的 Spiegler – Kedem 的溶质扩散模型理论相一致,即预测了半透膜的溶质截留率将随着跨膜压力的增大而增大这一结果。

如图 5 – 15 所示,随着电解质浓度的增大,盐截留率始终在减小,按照 Mathias Ernst 的理论,其原因可能是盐溶液的浓度增大,膜表面的 Zeta 电位值向正电方向缓慢增加,则溶液中的阳离子吸附到纳滤膜表面,膜表面和盐溶液中的静电排斥力下降,同时溶液中的盐离子也相互排斥,因此,随着盐的浓度增大,整体的盐截留率呈减小趋势。

5.4.4　溶液酸碱度对膜性能的影响

1. 酸碱度对不同种类盐离子通量的影响

图 5 – 16 表明了采用 PA – SiO$_2$ 复合纳滤膜时,溶液中的酸碱度对溶液通量的影响(溶液中的酸碱度使用 NaOH 和 HCl 调节到 2 ~ 9)。测试压力为 0.5 MPa,测试的溶液分别是 1000 mg/L 的 K$_2$SO$_4$、CaCl$_2$、MgCl$_2$ 溶液。当溶液呈中性(pH = 7.37)时,与 pH = 3.68 和 pH = 10 相比,Ca^{2+} 和 Mg^{2+} 表现出较高的通量;特别是当 pH = 3.68 时,所对应的通量远小于 pH = 7.37 时所对应的通量。这表明膜表面的氨基(—NH$_2$)或叔胺基团与溶液中的离子发生了作用。当料液的 pH 值减小时,胺基与 H$^+$ 结合转换化成 RH$_3$N$^+$ 和 R$_3$HN$^+$,膜表现出正电性。从而使得带电膜与原料中的二价阴离子 SO$_4^{2-}$ 的静电排斥力下降,从而导致膜孔变大,因此,对于 K$^+$ 来说,通量增大。与此同时,膜表面与 Ca^{2+}、Mg^{2+} 间的作用力增大,从而降低了 Ca^{2+} 和 Mg^{2+} 的通量。与此相反,增大料液中的 pH 值,NH$_3^+$ 不能将—NH$_2$ 转换为 NH$_3^+$,

膜表面呈负电性,这将增大膜表面与溶液中负电离子间的作用力,导致膜孔收缩,因此通量大大降低。

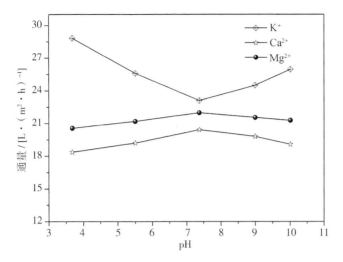

图 5－16　酸碱度对不同离子通量的影响

2. 酸碱度对不同种类盐离子截留率的影响

图 5－17 表示了进料液的酸碱度对 PA－SiO₂复合纳滤膜的截留率的影响(其他条件与上述条件相同)。可以看出,随着料液 pH 值的增大,Ca^{2+}、Mg^{2+}、K^+ 三种离子的截留率降低,这是由于膜表面的负电性增加,将加强膜表面与溶质间的排斥力,使孔径变小。因此,所得到的 PA－SiO₂复合纳滤膜特别适合于处理酸性料液和包括二价阳离子的盐溶液。

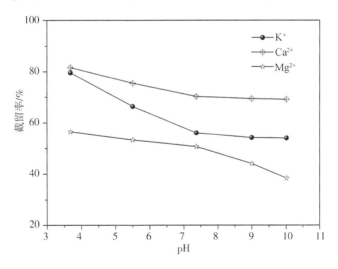

图 5－17　酸碱度对不同离子的截留率的影响

5.4.5 纳米 SiO₂ 粒子稳定性分析

为研究纳米 SiO_2 粒子在纳滤膜中存在的稳定性,在 PAMAM(G0)水相中加入含量为 1% 的 SiO_2,为水相单体制备 PA－SiO_2 复合纳滤膜。用该纳滤膜过滤 Na_2SO_4(1000 mg/L)盐溶液 48 h,然后通过 XPS 分析过滤前后膜表面各种成分的含量变化。图 5－18 给出了检测的 XPS 光谱图,PA－SiO_2 复合纳滤膜过滤前后的组成分析结果列于表 5－4 中。

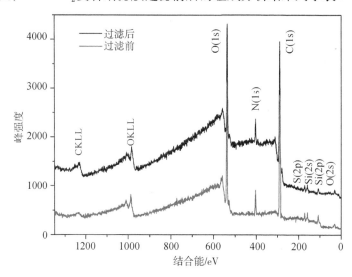

图 5－18　PA－SiO₂ 复合纳滤膜的 XPS 光谱图(碳、氮、氧及硅元素)

由图 5－18 可见,过滤前后纳滤膜的 XPS 光谱图中均存在碳元素(285.12 eV)、氮元素(285.12 eV)、氧元素(532.5 eV)、硅元素(103.63 eV,2p;153.39 eV,2s)及硫元素(168.63 eV)。上面的线表示过滤后的光谱图中,在结合能为 102 eV 附近存在的峰形是由 Si—O—Si 引起的,这表明过滤后在 PA－SiO_2 复合纳滤膜表面仍存在硅元素。

表 5－4　过滤前后 PA－SiO₂ 复合纳滤膜的元素组成

组成		C	O	N	Si	S
质量分数/%	最初	63.57	27.03	5.98	2.95	0.47
	48 h 后	63.43	26.91	6.04	2.73	0.89

表 5－4 中显示的元素组成,表明在 PA－SiO_2 复合纳滤膜中存在的硅元素在过滤过程中几乎不变。然后,将 PA－SiO_2 复合纳滤膜放置于图 2－1 所示过滤装置中并持续搅拌 2 h,膜上部的水分通过原子发射光谱进行检测,水中的 SiO_2 的浓度是 0.001 53 mg/L,表明纳米 SiO_2 粒子几乎不能脱离纳滤膜表面。这是由于纳米 SiO_2 粒子通过界面聚合方法包埋在纳滤皮层中并与膜形成了稳定的结构。亲水性纳米 SiO_2 粒子表面吸附了羟基,与酰胺中的氮元素、羰基中和羧基的氧原子形成氢键作用。其他作用力包括静电作用力、范德华力等。

5.4.6　不同种类盐的截留性能

膜的表面电荷不同,纳滤膜截留各个盐离子的顺序也完全不同,因此研究了 PA－SiO$_2$ 复合纳滤膜在操作压力为 0.5 MPa 时,对不同盐离子的分离特性。本研究中采用四种不同的盐溶液,分别是 MgSO$_4$、MgCl$_2$、NaCl、Na$_2$SO$_4$,质量浓度均为 1000 mg/L。分别考察了G0～G2.0 代 PAMAM 单体制备的纳滤膜,其中纳米 SiO$_2$ 在水相中的含量是 1%。实验结果列于表 5－5 中。

表 5－5　PA－SiO$_2$ 复合纳滤膜处理盐溶液时的通量和截留率

膜片	MgSO$_4$		MgCl$_2$		NaCl		Na$_2$SO$_4$	
	通量/ $[L\cdot(m^2\cdot h)^{-1}]$	截留率 /%	通量/ $[L\cdot(m^2\cdot h)^{-1}]$	截留率 /%	通量/ $[L\cdot(m^2\cdot h)^{-1}]$	截留率 /%	通量/ $[L\cdot(m^2\cdot h)^{-1}]$	截留率 /%
NF0－SiO$_2$	10.30	80.04	11.20	46.78	12.19	43.45	13.65	86.49
NF1－SiO$_2$	8.90	83.23	8.56	48.80	7.42	46.01	14.34	88.72
NF2－SiO$_2$	10.24	81.76	8.53	49.89	10.01	46.38	9.38	83.46

这些膜的盐离子截留顺序是 Na$_2$SO$_4$ > MgSO$_4$ > MgCl$_2$ > NaCl。可以看出,膜对二价阴离子 SO$_4^{2-}$ 的截留率远远高于其他的负电性离子。这一结果表明,PA－SiO$_2$ 是负电性的,二价阳离子 Mg^{2+} 与膜表面所带的电荷相反,因此该离子更易于与膜表面结合,因此膜表面的负电性会减小一些,导致 MgSO$_4$ 的截留率低于 Na$_2$SO$_4$ 的截留率。上述研究结果表明,纳滤膜对于盐类等带电溶质的截留率不仅受膜孔径的影响,更在很大程度上取决于膜表面的静电作用。

5.5　本章小结

在不同代数 PAMAM 的水溶液中添加不同含量的纳米 SiO$_2$ 粒子,并将上述含有无机粒子的 PAMAM 单体在超滤膜表面与 TMC 反应,以制备纳滤皮层中包含纳米 SiO$_2$ 粒子的有机－无机杂化纳滤膜。首先在上述分散过程中优化了 SDS 的添加量以改善纳米 SiO$_2$ 粒子的分散效果。通过 FTIR－ATR、FESEM、AFM 等现代分析技术对 PA－SiO$_2$ 复合纳滤膜进行表征,并对其性能进行研究,主要研究结果如下:

(1)在 PAMAM 单体中添加 SDS 会使纳米 SiO$_2$ 粒子的分散性能大大改善。SDS 的加入量为 1% 时即可较好地实现纳米粒子的分散性能,纳米 SiO$_2$ 粒子在 PAMAM(G0～G2.0) 单体中的分散粒径均能控制在 400 nm 左右。

(2)对 PA－SiO$_2$ 复合纳滤膜进行红外光谱分析,结果表明,纳米 SiO$_2$ 粒子存在于 PA－SiO$_2$ 复合纳滤膜皮层中。运用 XPS 对 PA－SiO$_2$ 复合纳滤膜的表面元素进行分析,结果表明,过滤前后纳滤膜表面的 Si 含量基本不变。纳米 SiO$_2$ 粒子与有机单体间以氢键、静电吸附及范德华力等作用力相结合,从而使纳米粒子稳定地存在于纳滤膜表面。

（3）随着 SiO_2 含量的增加，$PA-SiO_2$ 复合纳滤膜的接触角呈减小的趋势，其亲水性能得到了提高，且 $PA-SiO_2$ 复合纳滤膜的粗糙度增大，以上因素有利于提高纳滤膜的水通量。$PA-SiO_2$ 复合纳滤膜与原膜相比，其机械强度和热稳定性也都得到了相应的提高。

（4）随着 PAMAM 代数的升高，所得到的纳滤膜的孔径减小。$PA-SiO_2$ 复合纳滤膜的孔径比 PA 纳滤膜的孔径稍微增大；NF0 的孔径是 0.98 nm，而添加纳米粒子后的 $NF0-SiO_2$、$NF1-SiO_2$、$NF2-SiO_2$ 复合纳滤膜的孔径分别为 1.11 nm、1.03 nm 和 1.01 nm。

（5）添加纳米 SiO_2 粒子后，$PA-SiO_2$ 复合纳滤膜与原膜相比，其表面电位的绝对值增大，说明添加 SiO_2 将增加膜表面负电荷的量。其对无机盐离子的截留顺序是 $Na_2SO_4 > MgSO_4 > MgCl_2 > NaCl$，表现出明显的负电特征。

（6）随着操作压力的增加，$PA-SiO_2$ 复合纳滤膜的通量呈上升趋势。而当 Na_2SO_4 盐溶液的浓度增大时，纳滤膜的通量和截留率下降。

（7）在酸性条件下，$PA-SiO_2$ 复合纳滤膜对二价阳离子的通量和截留率均较大，因此，其适合用于处理酸性物料。

第6章 新型纳滤膜对三次采油废水的分离效能

6.1 引　言

三次采油技术带来大量的高含油量（1000～2000 mg/L）、高矿化度（TDS 为 170 000 mg/L）及含有大量有机物和表面活性剂、微生物成分复杂、可生化性差的采油废水，给油田废水处理带来一系列的困难。虽然大部分超滤出水可用于油井回注，但超滤处理后采油废水的 COD 值、矿化度含量仍然较高，高矿化度的采油废水用于配制聚合物驱油剂时会降低聚合物驱油剂的黏度，降低聚合物的驱油效果；另外，水中的二价阳离子（如 Ca^{2+}、Mg^{2+}）容易造成地层、井筒、集输管线等处结垢甚至堵塞，水中的二价阴离子（如 SO_4^{2-}）易促进硫化氢的产生，且易引起金属管线的腐蚀穿孔等诸多问题。

因此，对采油废水进行深度处理，进一步脱除其中的有机物和矿物质，以实现纳滤膜的安全回用是十分必要的。纳滤膜的切割分子量介于反渗透膜和超滤膜之间（100～1000 Da，孔径 0.5～1 nm），且纳滤膜表面通常荷电。从纳滤膜的分离原理上看，运用纳滤技术处理采油废水，既可以对小分子有机物通过孔径筛分和空间位阻等原理将其去除，同时也可以通过静电作用将采油废水中的矿物质盐类实现部分截留。Xu 等研究结果表明，采油废水经处理后完全可以达到工业排放标准，且纳滤操作费用远低于反渗透膜，在采油废水的深度处理中具有较好的应用前景。

本课题采用不同代数 PAMAM 单体制备的 PA 纳滤膜和 PA－SiO₂复合纳滤膜，对采油二厂的采油废水进行纳滤分离，考察了不同代数 PAMAM 单体制备的 PA 纳滤膜和 PA－SiO₂复合纳滤膜在采油废水处理中的应用，主要包括纳滤膜的渗透性能及对盐类的截留率，纳滤膜对采油废水中单个盐离子的截留能力，以及进行水质分析；讨论了纳滤膜污染前后的表面形态及污染物组成，以及不同清洗剂的处理效果和纳滤膜性能的恢复情况。由前面的研究结果可知，NF0 和 NF0－SiO₂具有较好的通量和盐截留能力，因此本研究中选取上述两种纳滤膜及商品纳滤膜 NF270 进行对比研究。

6.2 三次采油废水水质及处理目标

实验中所用油田三次采油废水原水是取自大庆油田采油二厂聚南2－2处理站经过重力沉降、混凝气浮、生物接触氧化、二次气浮后的水，其中含有有机物和各种盐类，如 Ca^{2+}、Mg^{2+}、K^+、Na^+、Fe 离子、Cl^-、HCO_3^-、CO_3^{2-} 等，采油废水颜色微黄，且具有一定的黏度。实验室检测到的部分水质指标参见表6－1。

表 6-1　实验进水水质

种类	含量	种类	含量
含聚/$(mg \cdot L^{-1})$	300	电导率/$(mS \cdot cm^{-1})$	7.2
粒径中值/μm	2	K^+/$(mg \cdot L^{-1})$	8.856
SS/$(mg \cdot L^{-1})$	5	Na/$(mg \cdot L^{-1})$	1 568.7
pH	9.0	Mg^{2+}/$(mg \cdot L^{-1})$	6.048
TDS/$(mg \cdot L^{-1})$	4 170	Ca^{2+}/$(mg \cdot L^{-1})$	7.371
COD_{Cr}/$(mg \cdot L^{-1})$	318	PO_4^{3-}/$(mg \cdot L^{-1})$	—
TOC/$(mg \cdot L^{-1})$	146.31		

采油废水回用途径主要有低渗透油田注水、油田稠油热采锅炉给水、三次采油配制聚合物用水等。1995 年中国石油天然气总公司颁布的行业标准中只对部分指标进行了控制，如注入层渗透率 $< 0.1~\mu m^2$ 时，要求回注水中悬浮固体含量(SS) $< 1.0~mg/L$，粒径中值 $< 1~\mu m$，含油量 $< 5~mg/L$。但是由本书第 1 章可知，采油废水中含有的大量有机物和矿物质同样会给油田生产带来损害。因此，三次采油废水纳滤处理的目标是深度脱除采油废水中的油、表面活性剂等有机物，降低采油废水中的矿化度。

6.3　操作条件对膜通量的影响

纳滤膜处理采油废水时，研究了 PAMAM 代数、操作压力、浓缩比、温度对渗透通量的影响。其中，NF0、NF1、NF2 分别表示以 G0 ~ G2.0 代 PAMAM 单体制备的纳滤膜，以 PAMAM(G0)制备的纳滤膜以 NF0 - SiO_2 表示，以 PAMAM(G1.0)制备的纳滤膜以 NF1 - SiO_2 表示，同理，以 PAMAM(G2.0)制备的纳滤膜以 NF2 - SiO_2 表示，以此类推。

6.3.1　压力及运行时间对膜通量的影响

本实验研究了 PA 纳滤膜和 PA - SiO_2 复合纳滤膜在处理采油废水时的渗透通量随压力和时间的变化关系，分别研究了 NF0 纳滤膜、NF0 - SiO_2 纳滤膜及 NF270 纳滤膜的处理效果，以及研究了不同代数 PAMAM 单体所制备纳滤膜对采油废水处理效果的影响规律。

1. 不同种类纳滤膜的采油废水通量

图 6-1 给出了 NF0、NF0 - SiO_2、NF270 纳滤膜在不同压力下对采油废水进行处理时，得到的通量随时间的变化关系。由图 6-1 可见，在实验研究的几个压力下，NF0、NF0 - SiO_2、NF270 纳滤膜的通量均随操作时间的延长而呈下降的趋势，即存在通量衰减的过程，且随着过滤时间的延长，通量下降到一定数值后则保持稳定。纳滤过程中存在的浓差极化、吸附污染、凝胶层及膜孔堵塞等现象，都能在一定程度上引起通量衰减。其通量衰减规律则取决于膜的种类、待分离料液性质及操作条件等。前已述及，采油废水中不但含有大量的矿物质盐，同时还含有一定含量的有机物，包括表面活性剂、天然活性有机物、胶体、蛋

白质等,因此其复杂的组成是造成浓差极化现象和污染现象产生的根本原因,最终引起膜通量的衰减现象。

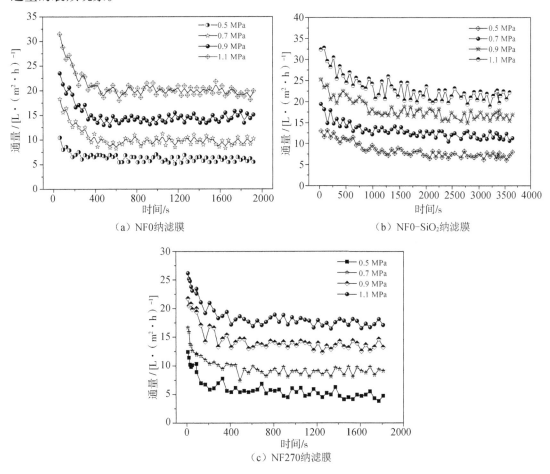

（a）NF0纳滤膜　　　　　　　　　（b）NF0-SiO$_2$纳滤膜

（c）NF270纳滤膜

图 6-1　不同压力下采油废水的通量随时间的变化关系

　　通量衰减过程存在三个阶段:过滤初期的通量快速下降阶段、缓慢下降阶段和通量稳定阶段。压力越大,膜通量从最初的通量值到保持通量稳定时所需要的时间越短。例如,对于 NF0 纳滤膜来说,当操作压力为 1.1 MPa 时,通量从最初的 33 L/(m^2·h)快速下降到通量稳定时间是 400 s,当操作压力分别为 0.9 MPa 和 0.7 MPa 时,所对应的通量稳定所需要的时间分别为 500 s 和 800 s。这是由于操作压力越大,采油废水的溶质(有机物和盐类)在压力的推动下,越能快速地向膜表面运动,并迅速在膜表面形成浓度较大的浓差极化层,从而阻止了溶液主体中的溶质向膜表面的运动,使得通量迅速下降。上述浓差极化现象的快速产生,将造成采油废水中的有机污染物在膜表面或膜孔内产生吸附和沉积,大量的污染物存在于膜表面形成滤饼层和凝胶层,并造成部分膜孔堵塞。相反,压力越低,有机物的扩散速度越小,则膜的污染速度减缓,故低压时的通量下降时间较长。把上述过滤初期引起的膜通量迅速衰减过程称为第 I 阶段,此后通量缓慢的衰减过程称为第 II 阶段。凝胶层形成等主要发生在第 I 阶段;而膜-有机物体系的吸附慢污染,常常在第 II 阶段起着重要的作用,这与很多报道的研究结论相符。

　　从膜的最终稳定通量上看,0.5 MPa 时所对应的通量为 5 L/(m^2·h)左右,0.7 MPa 时所对应的通量为 10 L/(m²·h)左右,而压力分别为 0.9 MPa 和 1.1 MPa 时所对应的通量分别为 14 L/(m²·h)和 22 L/(m²·h),即压力越高所对应的稳定通量越大,这与膜过程的传质规律相符合。由截留率和压力之间的关系可以看出纳滤膜的分离机理,即随着压力的增高,纳滤膜对盐的截留率也呈增大状态,这与经典的 Spiegler – Kedem 关于溶质的对流/扩散模型相一致,即随着跨膜压差的增大,纳滤膜对溶质的截留率也呈增大趋势。

NF0 – SiO₂纳滤膜及 NF270 纳滤膜都存在上述研究规律,但从通量下降到保持稳定的时间上明显可以看出,NF270 所对应的时间为 200 ~ 400 s,而 NF0 通量稳定时间则为 400 ~ 800 s,NF0 – SiO₂膜在各个压力下的通量稳定时间较长,均在 1500 s 以上。这表明 NF0 – SiO₂纳滤膜能够有效抑制有机物在膜表面的吸附和沉积,从而减缓膜污染。另外,从膜的衰减程度上看,NF0 – SiO₂纳滤膜的通量衰减幅度最小,也表明 NF0 – SiO₂具有较强的抗污染性能。通过前面的研究可知,这是由于引入的纳米 SiO₂粒子表面吸附的羟基增强了纳滤膜的亲水性,以及膜表面的电负性更大,从而更有效地抑制了水体中的负电性有机物,如腐殖酸在膜表面的吸附和沉积,因此其抗污染性能及最终稳定通量均得到了提高。

综合以上研究结果,可以看到 NF0 – SiO₂和 NF0 纳滤膜在处理采油废水时具有较好的渗透性能,且 NF0 – SiO₂纳滤膜具有很好的抗污染性能。

2. 不同代数 PAMAM 制备纳滤膜的采油废水通量

以不同代数的 PAMAM(G0 ~ G2.0)制备纳滤膜,并讨论在 0.9 MPa 下三种纳滤膜在处理采油废水时通量随时间的变化关系,结果如图 6 – 2 所示。

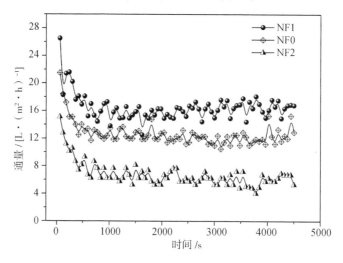

图 6 – 2   不同代数纳滤膜通量随时间的变化关系

由 PAMAM(G0 ~ G2.0)单体制备的纳滤膜分别为 NF0、NF1 和 NF2,研究上述纳滤膜在处理采油废水时通量随时间的变化关系,结果如图 6 – 2 所示。由图 6 – 2 可见,三种膜的通量随时间的变化均存在通量快速下降、缓慢下降及通量稳定的阶段,且其稳定通量存在如下大小关系,即 NF1 的通量大于 NF0 的通量,通量最小的是由 PAMAM(G2.0)制备的 NF2膜。根据第 3 章的研究结果可知,上述制备的纳滤膜孔径存在如下大小关系:$r_{NF2} < r_{NF1} < r_{NF0}$,即随着 PAMAM 代数的升高,纳滤膜的孔径逐渐减小。NF2 纳滤膜的亲水性虽然很强,且粗糙度也较大,但其孔径较小,不利于水渗透过膜。由图 6 – 2 的实验结果可看出,在 PA 纳滤膜处理采油废水的过程中,折中了 NF1 所具有的适中孔径、亲疏水性及粗糙度等因素,

使得表面带有很多亲水基团的 NF1 膜的通量最大。

另外,从通量下降的速度来看,NF1 的通量稳定时间最长,而 NF0 和 NF2 的通量下降时间均较短,表明 NF0 和 NF2 更易于吸附有机污染物,从而引起膜污染。从三种纳滤膜的孔径大小分析,NF2 的孔径最小,因此,它更易于将采油废水的有机污染物聚集在孔内部;而 NF0 的亲水性最差,则其易于在膜表面吸附有机污染物。

3. 不同代数 PAMAM 制备的 PA – SiO₂ 复合纳滤膜的采油废水通量

图 6 – 3 给出了不同代数 NF – SiO₂ 纳滤膜采油废水处理通量随时间的变化关系。由图 6 – 3 可见,上述含有纳米 SiO₂ 粒子的纳滤膜,其最初的通量均达到较高的数值,如 NF0 – SiO₂、NF1 – SiO₂、NF2 – SiO₂ 的初始通量分别为 20 L/(m² · h)、39 L/(m² · h) 和 37 L/(m² · h)。随着过滤时间的延长,NF1 – SiO₂ 和 NF0 – SiO₂ 纳滤膜的通量下降较为缓慢,而 NF2 – SiO₂ 纳滤膜的通量下降迅速,较为明显。由第 4 章的研究结果可知,NF2 – SiO₂ 纳滤膜具有较小的孔径,在过滤之初,纳滤膜表面很容易产生有机物的沉积,从而使得通量下降最为明显。

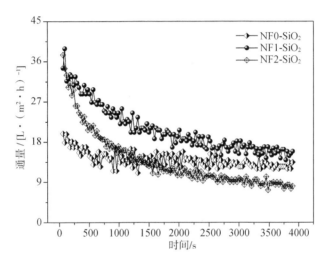

图 6 – 3　不同代数 PA – SiO₂ 复合纳滤膜通量随时间的变化

NF2 – SiO₂ 纳滤膜的初始通量大于 NF0 – SiO₂ 纳滤膜的初始通量,这是由于前者所对应的纳滤膜表面具有较多的 PA 基团,使得其亲水性增强。但是当过滤时间超过 1500 s 时,NF0 – SiO₂ 纳滤膜的通量基本保持稳定,而 NF1 – SiO₂ 和 NF2 – SiO₂ 纳滤膜的通量仍在下降。由第 3 章的研究结果可知,PAMAM 单体的代数越高,膜表面的负电荷量越少,趋于向正电方向变化,而水体中存在的有机物(如腐殖酸等)带有负电荷,因此更易于在 NF1 – SiO₂ 和 NF2 – SiO₂ 纳滤膜表面吸附污染,使得纳滤膜表面及膜孔内部的吸附污染越来越严重,从而使得纳滤膜的通量保持在一个比较低的值。

与图 6 – 2 的研究结果相比,NF0 – SiO₂ 纳滤膜的稳定通量大于 NF0 纳滤膜所对应的通量。这是由于 NF0 – SiO₂ 纳滤膜表面亲水性能得到了提高,同时,添加纳米粒子后 NF0 – SiO₂ 纳滤膜表面的粗糙度得到了提高,这也对提高其通量具有重要作用。这部分的相关论述已在前面详细说明,此处不再赘述。

6.3.2 浓缩倍数对膜通量的影响

在 1.1 MPa 下,分别采用 NF0、NF0 – SiO$_2$、NF270 纳滤膜对采油废水进行处理,以考察浓缩倍数对纳滤膜透水性能的影响。纳滤浓缩实验采用浓水回流方式,浓缩倍数按照料液桶内剩余料液的体积与原始料液的体积比来确定。如料液槽内还剩下 1/10 料液时,此时浓缩倍数即为 10。实验结果如图 6 – 4 所示。

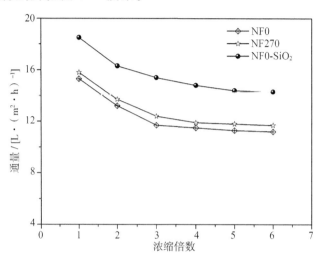

图 6 – 4 膜通量随浓缩倍数变化关系

由图 6 – 4 可见,膜的通量随着浓缩倍数的增加而逐渐降低,且达到一定的浓缩倍数之后,通量变化趋于平缓。这是由于随着过滤的进行,料液槽中采油废水的浓度越来越大,由优先吸附 – 毛细孔流模型可知,料液浓度增大将会引起溶液的渗透压增大,而膜的通量与渗透压呈反比关系。因此,随着料液浓度的增大,膜的通量普遍出现下降的趋势。且由于在过滤过程中,采油废水中的有机物质会进一步在膜表面沉积,从而缓解了料液中的污染物在膜孔内部造成进一步的污染,因此,膜的通量表现出稳定不变的情形。

6.3.3 温度对膜通量的影响

料液温度是影响纳滤膜通量的主要因素之一。本实验研究了室温(28 ℃)、40 ℃、50 ℃、60 ℃四个温度下,NF0、NF0 – SiO$_2$、NF270 纳滤膜的通量变化,操作压力控制在 0.9 MPa。实验结果如图 6 – 5 所示。

由图 6 – 5 可见,随着温度的上升,膜通量均表现出增大的趋势。膜通量的变化与料液的性质有关,同时也与膜的表面性质及内部结构有关。首先,温度升高会造成采油废水的黏度降低,这是由其黏温性质决定的。因此,高温时可提高采油废水的扩散速度,从而提高其传质效率,使膜通量呈增加的趋势。另外,对于纳滤膜来说,在温度较高的状态下,膜的孔径增大,因此,膜通量也大大增加。在 50 ℃以上,可明显看到通量的增幅变缓。这是由于进一步升高温度,则较快的渗透速度将会带着更多的溶质涌向膜表面,从而易于在膜表面形成凝胶层,加快膜污染的产生。因此,再提高温度,膜的通量增长缓慢。对于 NF0 - SiO₂纳滤膜,在 50~60 ℃时,其通量增长速度远没有 NF0 和 NF270 增长速度快。这是由于纳滤皮层中的无机粒子与有机聚合物连接在一起,限制了 NF0 - SiO₂ 的孔径增长,因此其通量增长趋势较缓。从操作的经济性及管道的耐温情况等方面考虑,本实验处理采出废水的较好温度应为 50 ℃。

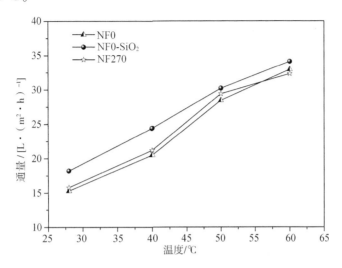

图 6 - 5　料液温度对膜通量的影响

6.4　新型纳滤膜对采油废水的脱盐效能

采油废水的成分复杂,其中除了含有大量的盐离子外,还含有大量的有机物质。例如其中含有表面活性剂和聚合物,如阴离子表面活性剂 SDS 及 APAM。由于 SDS 分子中含有大量的阴离子,而 APAM 具有等电点,因此在水溶液中存在时均表现出一定的荷电性能。它们的存在必然会引起纳滤膜表面的电性变化,从而影响纳滤膜对盐离子的截留能力。同时,在溶液的性质(如酸碱度)变化时,APAM 等会发生分子构型变化,也将影响纳滤膜的分离性能。因此,在研究纳滤膜处理现场采油废水之前,首先制备了含有 SDS 及 APAM 的采油废水配水,讨论上述两种物质对纳滤膜对采油废纳滤截盐性能的影响规律。采油废水的配制参见第 2 章的实验材料一节。此处,分别改变 SDS 及 APAM 的用量,以制备不同组成及含量的油田废水配水。

6.4.1　新型纳滤膜对采油废水配水的脱盐效能

1. SDS 含量对处理采油废水配水时膜通量的影响

SDS 含量对采油废水通量的影响如图 6 - 6 所示。由图可见,当 SDS 含量增大时,通量表现出增大的趋势;但是当 SDS 的含量进一步增大时,其通量变化不再明显,并最后保持稳定。此时通量的变化仍然与 SDS 和溶液中阳离子的缔合有关。增大 SDS 的含量,则 SDS 的阴离子基团将与溶液中的阳离子相结合,而 SDS 中的 Na⁺ 就会排布在缔合离子的最外面;同时,SDS 作为表面活性剂,将使得水溶液与膜表面间的接触角下降,因此更利于溶液中的离子渗透通过膜,从而增强纳滤膜表面与阳离子间的吸引力,增大溶液透过纳滤膜表面的概率,最终增大膜通量。

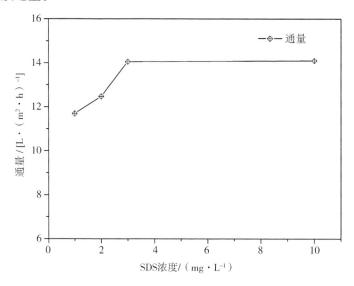

图6-6 SDS含量对采油废水的通量和截留率的影响

2. SDS对采油废水配水的盐截留能力

首先配制SDS含量在1~10 mg/L的采油配水,在0.5 MPa下,采取NF0处理SDS含量不同的采油废水,得到其盐截留率随pH值的变化关系,如图6-7所示。由图可见,在酸性条件下,膜对采油废水的盐截留率较大,截留范围在30%~55%。随着pH值的增大,膜对采油废水的盐截留率一直呈下降趋势,到pH=10时,盐截留率下降至35%以下。这是由于在酸性条件下,纳滤膜表面吸附溶液中的H^+,使纳滤膜表面的COO^-转化为COOH,使膜与溶液中阳离子间存在较大的排斥力,从而使其对阳离子的截留作用较大。同时,当增大pH值时,膜表面负电性增强,则膜表面将与溶液中的阳离子基团有更强的吸附作用,从而减小了膜对其中阳离子的截留作用,而更利于阳离子的通过。

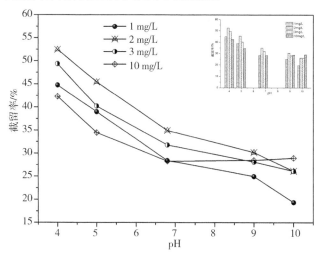

图6-7 SDS对采油废水中盐截留率的影响

同时,在 SDS 的含量从 1 mg/L 增大到 2 mg/L 过程中,NF0 膜对盐的截留率呈增加的趋势。但是当 SDS 含量大于 2 mg/L,逐渐升到 3 mg/L 及 10 mg/L 时,膜对溶液中盐的截留率反而呈下降趋势。这是由于 SDS 与溶液中的阳盐离子存在一定的缔合度,而缔合后离子半径增大,故膜对阳离子的截留率呈增大趋势。当 SDS 继续增加时,其在溶液中的缔合能力逐渐趋于平衡,且溶液中形成的缔合离子间的相互作用使得离子与膜表面间的静电排斥力减弱,从而引起膜对溶液中盐的截留率下降。

因此,SDS 在采油废水中的含量过大或过小,均不利于提高其对采油废水中盐离子的去除,适当的含量为 2 mg/L 左右。为了验证上述 SDS 对溶液中阳离子的缔合作用,分别测定了不同 SDS 含量对采油废水电导率值的影响情况。

3. SDS 对采油废水配水电导率的影响

实验过程中分别研究了 pH = 4、pH = 6.8 和 pH = 10 三种酸碱度下溶液的电导率,实验结果如图 6 - 8 所示。由图 6 - 8 可见,随着 SDS 含量的增加,采油废水的电导率率呈下降趋势。这是由于随着 SDS 的加入,越来越多的阳离子与 SDS 缔合而形成体积较大的缔合盐离子,使得采出废水中盐离子运动速度减慢,加上缔合离子间的相互碰撞阻碍作用,溶液中能够自由移动的离子减少,溶液的电导率呈缓慢下降的趋势。

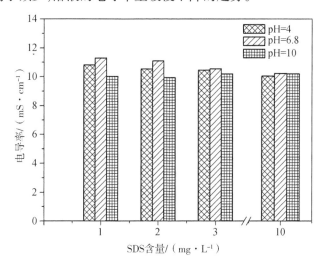

图 6 - 8　SDS 含量对采油废水配水电导率的影响

在酸性和中性条件下,增大 SDS 时,溶液的电导率下降趋势明显。这是由于溶液中存在的 H^+ 基本不影响金属阳离子与 SDS 的缔合作用。但是当 pH 值增大到 10,即溶液呈碱性时,溶液中 OH^- 的存在,中和了阳离子的表面电荷,从而减弱了阳离子与 SDS 缔合的能力,因此 SDS 的加入对溶液电导率的影响很小,故电导率值基本不变。

4. APAM 对采油废水膜通量的影响

配制 APAM 含量分别为 2 mg/L、3.5 mg/L 和 5 mg/L 的采油废水,在操作压力为 0.5 MPa 时采用 NF0 纳滤膜对其进行处理,分别研究了酸碱度对采油废水通量的影响,实验结果如图 6 - 9 所示。由图可见,当溶液 pH = 6.86 时,采油废水的通量达到最大值,而在酸性和碱性条件下,采油废水的通量均呈减小的趋势。

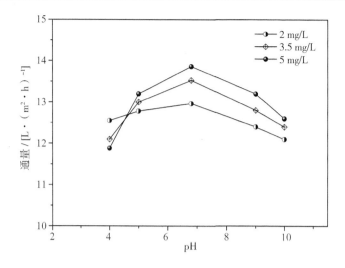

图6-9 酸碱度对采油废水通量的影响

对于 APAM(自身带负电)而言,在 pH 值较低时,溶液中所含有的 H⁺ 将与 APAM 自身所带电荷中和,APAM 分子容易发生聚集,形成致密的膜面沉积体,故导致膜通量降低;相反,APAM 的等电点为2,因此在碱性条件下,APAM 分子由团簇状态向伸展状态转变,料液的黏度增加,引起 APAM 分子间纠结、团聚,加重纳滤膜表面的污染,从而降低了纳滤膜通量。采油废水中的 TDS 很高,浓差极化现象同样可大大降低纳滤过程的通量;另外,高离子强度可使悬浮液颗粒间的扩散层减薄,促使沉淀层中的颗粒由于距离较近而更易形成致密的沉淀层。

5. APAM 对采油废水盐截留性能的影响

在与上述实验研究相同的条件下,研究了 APAM 浓度不同时,酸碱度对采油废水盐截留率的影响,实验结果如图6-10所示。由图6-10可以看出,当 pH 值一定时,增加 APAM 的含量可提高纳滤膜对盐离子的截留能力。这是由于 APAM 是高分子聚合物,具有较大的平均相对分子质量和分子体积,因此,APAM 的含量增加时,它将覆盖在纳滤膜表面上形成一定程度的膜污染,从而阻止盐离子进一步通过纳滤膜,提高了其对盐离子的截留率。

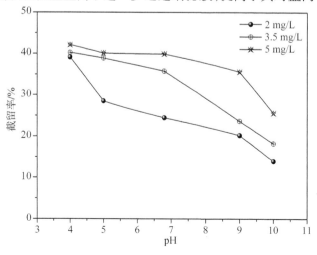

图6-10 酸碱度对采油废水盐截留率的影响

从酸碱度对盐截留性能的影响上看,随着 pH 值的增大,所对应的截留率从最初的40%左右下降到20%左右,均呈下降的趋势。这是由于 APAM 的等电点为2,H^+ 的引入中和了 APAM 自身所带负电荷,导致分子由伸展向团簇状态转化,即旋转半径减小,此时,分子可能会小于膜孔直径,其在膜内发生堵孔的概率大大增加,膜对盐类的截留率也呈增加趋势。

OH^- 的加入导致 APAM 水解程度加大,料液的黏度增加,引起 APAM 分子间纠结、团聚,虽可缓解纳滤膜的堵孔时间,但加速了在纳滤膜表面形成凝胶层,导致在通量下降的同时,膜表面与溶液中盐离子间的排斥力减弱,从而使纳滤膜的截留率也逐渐下降。另外,$NaCl$、$CaCl_2$、$MgCl_2$ 等电解质的加入使高分子胶体的双电层得以压缩,引起料液中胶体的聚集。

通过以上对采油废水配水的实验研究可以看出,当采油废水中 SDS 的含量在 2% ~ 3% 这一范围时,有利于提高纳滤膜的通量和盐截留率。采油废水为中性时,增加 APAM 有利于提高纳滤膜对采油废水的渗透通量,而在酸性条件下 SDS 和 APAM 将增加纳滤膜对采油废水中盐组分的截留能力。因此,在处理现场采油废水时,若进一步提高其对盐离子的去除能力,增加上述两种物质在采油废水中的含量,以及调节采油废水为酸性时,将获得较好的脱盐效果。

6.4.2 新型纳滤膜对现场采油废水的脱盐效能

接下来研究本课题开发的新型纳滤膜对现场采油废水的盐截留能力。前已述及,以树状 PAMAM 为水相单体制备的纳滤膜,根据其制备单体的代数及制备条件(水相单体和有机相单体的浓度及配比、界面聚合时间、热处理时间)等的不同,会得到膜孔径、膜表面性质(包括粗糙度、带电性质等参数)各不相同的纳滤膜。本节将采用上述方法制备的 PA 纳滤膜,以及在其基础上添加纳米 SiO_2 粒子的纳滤膜,进行现场采油废水的处理实验;采用美国 DOW 公司的 NF270 进行对比研究,重点讨论其对采油废水处理过程中的盐离子截留性能的影响。

1. 纳滤膜对现场采油废水的盐截留能力

在5.3节中研究了不同种类纳滤膜在不同操作条件下采油废水通量的变化情况。为了研究纳滤膜对采油废水的盐截留情况,接下来考察不同压力下经 NF0、$NF0 - SiO_2$ 和 NF270 纳滤膜处理后采油废水的通量和盐截留率,结果如图 6 - 11 所示。

由图 6 - 11 可见,对于 NF0 纳滤膜,压力越大,纳滤膜的截留率也随之缓慢增大,即从 0.7 MPa 时所对应的截留率12.2%开始,上升到1.3 MPa 时所对应的16.5%,而 $NF0 - SiO_2$ 纳滤膜的盐截留率变化范围为 25% ~ 40%,NF270 纳滤膜所对应的截留率为 15% ~ 30%。1.1 MPa 时,经 NF0、$NF0 - SiO_2$、NF270 纳滤膜处理后的采油废水的电导率分别为 6.2 mS/cm、4.61 mS/cm 和 5.04 mS/cm。由此可见,$NF0 - SiO_2$ 纳滤膜所对应的盐截留能力最大,NF270 次之,而 NF0 纳滤膜的盐截留率最小。由前面的研究结果可知,$NF0 - SiO_2$ 纳滤膜表面具有更多的负电荷,膜表面电荷与溶液中离子的排斥作用使得其对采油废水的盐截留能力较大。

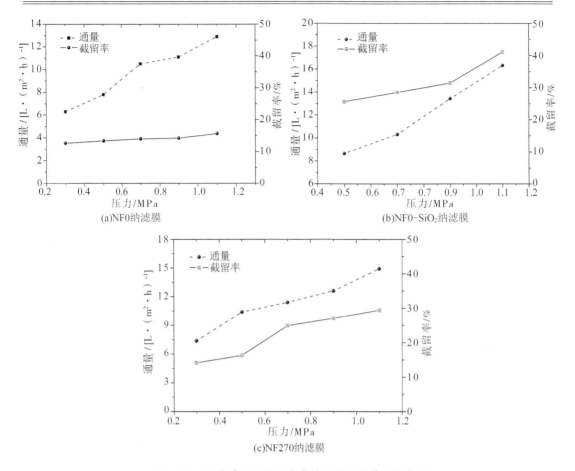

图 6-11 纳滤膜处理采油废水的通量和盐截留率变化

另外,上述三种纳滤膜的盐截留率均随压力的增大而增大。这是由于压力越大,则在膜表面形成的滤饼层进一步加厚,从而阻止了纳滤膜中的盐离子穿透纳滤膜表面而渗透到膜的另外一侧,进而提高了其对盐离子的截留率。但是可以明显看到的是,NF0 对于采油废水的截留率始终在 15% 左右,这一数值与纳滤膜制备过程中所采用的试样1000 mg/L的 Na_2SO_4 所对应的 90% 左右的截留率相比,相差甚远。这是由于采油废水中盐的浓度很大,电导率达到 7.2 mS/cm,溶液中盐浓度的增加会降低纳滤膜的截留率,这一结论与 4.4.3 小节的研究结论相一致。同时,溶液中盐离子间的相互排斥作用使得盐透过膜的阻力增大,因此,采用纳滤膜处理高浓度的采油废水,可使其盐截留率呈下降趋势。

2. 纳滤膜对采油废水中盐离子的截留率

上面的研究考察了纳滤膜对采油废水的总体盐截留率,接下来考察 NF0 和 NF0 - SiO_2 纳滤膜对采油废水中各种阳离子的截留情况。

在表 6-1 所示采油废水的组成中,可以看到采油废水中包含多种类型的盐离子,其中一价离子的含量较高。纳滤膜在截留盐离子时,其本身的负电性使得采油废水中带有负电荷的离子与膜表面之间存在较强的静电排斥作用,而使溶液中的负离子得以截留,而为了保持溶液的电中性,此采油废水中的阳离子也被截留下来,故对于荷负电纳滤膜的分离过程,同样对采油废水中的阳离子具有截留作用。因此,本实验研究了 NF0 和 NF0 - SiO_2 纳滤膜对采油废水中几种主要的阳离子(如 Na^+、K^+、Ca^{2+}、Mg^{2+}、总铁等)的截留率变化。因为在碱性条件下,Fe^{3+} 将会产生胶体,故此处以"总铁"表示铁的含量。实验结果如图 6 - 12 所示。

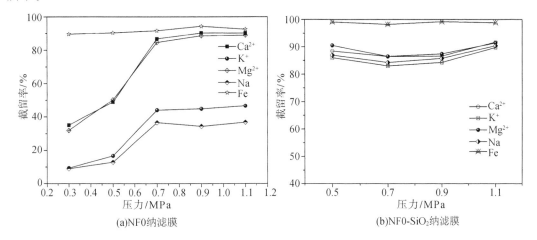

图 6 - 12　纳滤膜对采油废水中单个离子的去除率

由图 6 - 12 可见,NF0 纳滤膜对各离子的截留率基本上随着压力的增加而增大,但当压力超过 0.7 MPa 时,纳滤膜对于盐离子的截留率基本不再变化;同时,对于 Fe 离子而言,在压力变化过程中,纳滤膜对其截留率始终处于 90% 以上。

以上盐离子的截留规律是由纳滤膜对带电溶质的分离原理决定的,即由孔径大小引起的物理筛分和其他物理化学作用(如静电排斥或吸附),以及扩散控制。以上因素决定了纳滤膜对盐溶液的截留性质。筛分效应是指纳滤膜可以截留大部分粒径大于膜孔径的溶质,以及水合离子半径较大的离子。而静电排斥作用,即为荷电效应。由于 NF0 是表面电位在 -17.1 mV 左右的荷负电膜,其对水中阴离子具有排斥作用。为了保持水溶液的电中性,电解质中的阳离子也可被纳滤膜截留。

采油废水中各种阳离子的半径列于表 6 - 2 中。可以看出,采油废水中盐离子的半径各不相同,Ca^{2+} 和 Mg^{2+} 的水合离子半径均大于一价离子,因此在纳滤膜过滤过程中,上述二价离子将具有更大的空间位阻作用,从而更易于被截留在膜表面。同时,一价 K^+ 和 Na^+ 的扩散系数均远大于二价阳离子,即上述一价离子能以较快的速度运动到膜表面,且其离子半径较小,因此,纳滤膜对一价离子的截留作用较小。

但是对于 NF0 - SiO₂ 纳滤膜来说,随着压力的升高,其对盐离子的截留率呈缓慢上升的趋势,并且总体上看,阳离子的去除率与压力的变化关系不大。此时,采油废水中所含有的 Fe 离子的去除率始终保持在接近于全部除掉,而对于二价和一价阳离子的去除率非常接近,对于 Si^{2+} 的去除率处于较低的截留水平。这是由于添加了纳米 SiO₂ 之后,NF0 - SiO₂ 纳滤膜表面具有更多的负电荷,因此,NF0 - SiO₂ 纳滤膜对盐离子的截留以静电排斥为主,而物理筛分作用表现并不明显。

在上述研究中还可以看到,当压力处于 0.7 ~ 0.9 MPa 时,NF0 和 NF0 - SiO₂ 纳滤膜对采油废水中的盐离子截留率几乎达到最大值,因此可以选定操作压力范围为 0.7 ~ 0.9 MPa。

表6-2　离子的扩散系数及水合离子半径(25 ℃)

离子种类	离子扩散系数/($10^{-9}m^2 \cdot s^{-1}$)	水合离子半径/nm	分子含量/($g \cdot mol^{-1}$)
H^+	9.31	0.28	1.0
K^+	—	0.278	39
Na^+	1.33	0.206 9	23.0
Mg^{2+}	0.72	0.43	24.0
Ca^{2+}	—	0.244 9	40
Cl^-	2.03	0.33	35.5
SO_4^{2-}	1.06	0.38	96.0
PO_4^{3-}	—	0.34	95.0

3. 不同代数纳滤膜的采油废水渗透分离能力

前面讨论了利用以 PAMAM(G0)为单体制备的 NF0 和 NF0 - SiO_2 纳滤膜处理采油废水时的通量和截留率,接下来考察以不同代数 PAMAM 单体制备的 NF0、NF1 和 NF2 纳滤膜,以及相应的含纳米 SiO_2 粒子的纳滤膜对于采油废水的处理效果,操作压力为 0.9 MPa。实验结果如图 6 - 13 所示。

由图 6 - 13 可见,NF1 的通量最大,为 16.41 L/($m^2 \cdot h$);NF0 的通量次之,为 12.96 L/($m^2 \cdot h$);NF2 的通量最小,为 6.27 L/($m^2 \cdot h$)。在前面的章节中已对其通量的变化趋势加以说明,此处不再赘述。而三种纳滤膜对采油废水中盐离子的截留率变化趋势表现为:随着 PAMAM 单体代数的升高,纳滤膜的截留率呈增大趋势。NF0、NF1、NF2 纳滤所对应的截留率分别为 28.85%、34.02% 和 39.99%。这是由于随着 PAMAM 制备单体代数的升高,从第 4 章中膜结构的表征结果上看,膜的孔径越来越小,纳滤膜对于盐离子的截留能力越来越强。同时,代数越高,所制备的纳滤膜的电性越向正电膜方向移动,则膜表面的负电荷越少,膜表面与采油废水中金属阳离子的排斥力越大,此时也会增大纳滤膜的截留率。

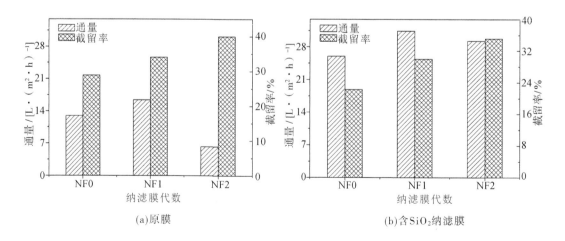

(a)原膜　　　　　　　　　　　(b)含SiO_2纳滤膜

图6-13　不同代数的纳滤膜处理采油废水的通量和截留率

对于有机 – 无机杂化纳滤膜而言，NF1 – SiO_2 纳滤膜的通量最大，为 31.2 $L/(m^2 \cdot h)$；NF2 – SiO_2 纳滤膜的通量次之，为 29.4 $L/(m^2 \cdot h)$ 左右；NF0 纳滤膜的通量最小，为 26.7 $L/(m^2 \cdot h)$。上述通量均大于不含纳米粒子的纳滤膜的通量。而随着代数的升高，NF0、NF1、NF2 所对应的纳滤膜截留率分别为 22%、28% 和 35%，这一结果与 PA 纳滤膜的截留率分别为 28.85%、34.02% 和 39.99% 相比，明显降低。

4. 不同代数纳滤膜的单个盐离子截留能力

接下来讨论 NF0、NF1、NF2 三种纳滤膜及相应的含纳米 SiO_2 粒子纳滤膜对采油废水中各种离子的截留情况，测试压力为 0.9 MPa。实验结果见表 6 – 3。

表 6 – 3　不同代数纳滤膜对各离子的截留率

纳滤膜	截留率/%					
	Ca^{2+}	K^+	Mg^{2+}	Na^+	Si	Fe
NF0	86.6	74.27	87.4	65.78	72.73	99.2
NF1	87.4	70.89	87.34	73.14	73.3	99.6
NF2	89.39	78.6	89.65	68.7	75.4	98.8
NF0 – SiO_2	86.6	84.27	87.4	85.78	72.73	99.2
NF1 – SiO_2	71.4	70.89	77.34	63.14	63.3	81.91
NF2 – SiO_2	86.39	—	80.65	—	—	98.8

由表 6 – 3 可见，纳滤膜对于高价离子，如总铁的去除率在 98% 以上，同时纳滤膜对二价阳离子的去除率较高，均达到了 85% 以上；而对于一价离子，去除率主要在 70% 左右。与 NF0 和 NF1 纳滤膜相比，NF2 纳滤膜对采油废水较高的截留率主要表现在对二价离子的脱除率较高。而从整体上看，含硅膜对各个盐离子的截留率，仍存在对一价和多价离子的截留率相差不大的现象。

另外，由表 6 – 3 可见，NF2 纳滤膜对阳离子特别是二价阳离子的截留率较高。由前面的研究结果可知，NF2 表面具有较多的正电荷，因此加大了纳滤膜对二价阳离子的去除能力。

6.5　新型纳滤膜对采油废水中有机物的处理效能

采油废水的组成与采油废水的地质形成条件有关，是由有机和无机物质组成的混合物。其无机物主要包括溶解性的 H_2S、FeS、黏土颗粒、砂粉和细微的砂粒等；而有机物一般含有溶解和悬浮的油及各种化合物，其中可溶性有机化合物是极性组分，主要是具有中度碳原子数的化合物，如脂肪烃、芳香烃、酚类、表面活性剂和聚合物等，另外还含有机酸类，如腐殖酸。水体中的微生物主要包括硫酸盐还原菌、腐生菌及铁细菌等。

本实验所使用的采油废水经过气浮和氧化等前处理后，采油废水中的大部分悬浮性固体和部分有机物被去除，但采油废水的 COD 值仍然很高，表明水体中还含有大量的有机物。接下来使用 NF0、NF0 – SiO_2 和 NF270 纳滤膜处理采油废水，考察其在采油废水处理中的

TOC、COD 去除能力。

6.5.1 TOC

分别使用 NF0、NF0 - SiO$_2$ 和 NF270 纳滤膜处理采油废水,考察在 0.3 ~ 1.3 MPa 下处理采油废水时,水体中 TOC 的变化情况,结果如图 6 - 14 所示。由图 6 - 14 可见,三种纳滤膜对 TOC 的去除率始终保持在较高的水平,去除率达到 80% 左右。在 1.3 MPa 下,经 NF0、NF0 - SiO$_2$ 和 NF270 纳滤膜处理后的采油废水 TOC 值约为 25.46 mg/L、27.1 mg/L 和 14.94 mg/L。NF0 - SiO$_2$ 纳滤膜对 TOC 的截留率与未添加纳米粒子的 NF0 纳滤膜对采油废水中 TOC 纳滤膜的截留率(80%)相差不多。且上述两种膜和商品 NF270 纳滤膜均起到了较好的处理效果,表明课题组制备的纳滤膜对有机物的截留效果较好。

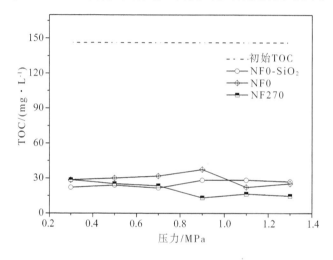

图 6 - 14　TOC 随压力的变化

由图 6 - 14 可见,压力超过 0.9 MPa 时,NF270 纳滤膜的 TOC 值下降得较为迅速。而 NF0 - SiO$_2$ 纳滤膜的 TOC 值此时不再有明显变化。这是由于在高压下,NF270 纳滤膜的结构是以半芳香烃聚酰胺为主,其在高压下发生形变,从而进一步压实膜的皮层,而 NF0 - SiO$_2$ 纳滤膜中存在的无机纳米粒子形成了纳滤膜皮层中的骨架结构,使其在外界压力的作用下,具有一定的抗压性能。因此,从 TOC 的检测结果上看,利用 NF - SiO$_2$ 纳滤膜处理的采油废水中,TOC 的数值基本不随压力而变。

以上研究结果表明,以 PAMAM(G0) 为单体制备的纳滤膜及纳米 SiO$_2$ 有机 - 无机杂化膜对于采油废水中 TOC 的去除具有较好的实验效果。

6.5.2 COD

分别使用 NF0、NF0 - SiO$_2$ 和 NF270 纳滤膜处理采油废水,考察在 0.3 ~ 1.3 MPa 下处理采油废水时,水体中 COD 的变化情况,结果如图 6 - 15 所示。COD 是指化学需氧量,反映了水中受还原性物质污染的程度。这些物质包括有机物、亚硝酸盐、亚铁盐、硫化物等。COD 可作为有机物质相对含量的一项综合性指标。本实验过程中采取重铬酸钾作为氧化剂,测定水样的 COD。

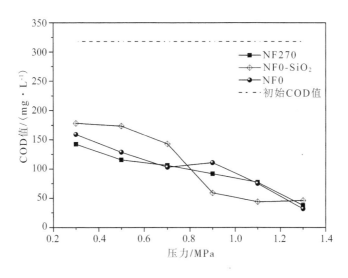

图 6 - 15　COD 随压力的变化

由图 6 - 15 可见,随着操作压力的增大,经过 NF0、NF0 - SiO$_2$ 和 NF270 纳滤膜处理后的采油废水 COD 值均呈下降的趋势。低压下(如 0.3 MPa),COD 值为 150 ~ 180 mg/L,COD 值去除率为 45% 左右;在压力为 1.3 MPa 时,经 NF0、NF0 - SiO$_2$ 和 NF270 纳滤膜处理后的采油废水 COD 值分别为 31.91 mg/L、46.3 mg/L 和 37.92 mg/L,均降低到 50 mg/L 以下,此时 COD 值去除率增大到 80%。采油废水进水中的 COD 值为 318 mg/L,随着压力的增大,纳滤膜出水中的 COD 大幅下降,达到了较高的脱除水平。从图中可以看出,无论是 NF0 还是 NF0 - SiO$_2$ 纳滤膜,均取得了与 NF270 相似的 COD 去除效果。

另外,在过滤之初,NF0 - SiO$_2$ 纳滤膜的出水 COD 值较高,但在压力逐渐增大时,其出水的 COD 值才得到进一步降低。这是由于 NF0 - SiO$_2$ 纳滤膜表面具有明显的抵制有机物沉积的能力,在低压时膜表面不易形成致密的滤饼层和凝胶层,因此水体中的有机物会通过纳滤膜。但当压力较大时,在膜表面会形成致密的滤饼层和凝胶层,纳滤膜对于有机物的去除是基于孔径筛分和空间位阻等作用,因此在纳滤膜处理采油废水的过程中,水体中的 COD 值随着压力的增大而呈减小的趋势。

6.6　膜　污　染

膜污染是任何一个膜分离过程均面临的主要问题,但是对于纳滤膜来说,污染问题可能会较为复杂,这是因为纳滤膜的污染发生在纳米尺寸范围,使膜污染规律变得更加难以掌握。下面主要讨论污染前后纳滤膜表面的微观结构及对污染物组成进行分析。

6.6.1 污染膜的微观特征

1. PA 纳滤膜表面污染物的形态分析

利用 NF0、NF1 和 NF2 纳滤膜在 0.9 MPa 下处理采油废水 2 h，并对污染前后膜表面的微观结构进行 FESEM 分析，结果如图 6 – 16 所示。

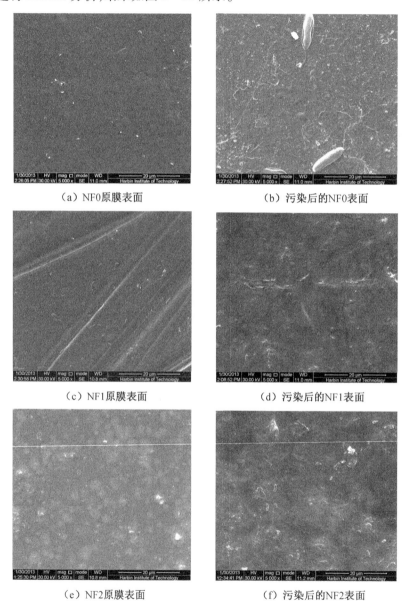

（a）NF0原膜表面　　　　　　　（b）污染后的NF0表面

（c）NF1原膜表面　　　　　　　（d）污染后的NF1表面

（e）NF2原膜表面　　　　　　　（f）污染后的NF2表面

图 6 – 16　膜污染前后的形貌特征

由图 6 – 16 可见，图（a）（c）（e）分别是 NF0、NF1 和 NF2 未被污染之前的原膜，其表面非常光滑，纳滤膜表面的突起结构清晰可见。从被采油废水溶液污染后的扫描电镜图（图（b）（d）（f））可以明显地看到，这三种膜的表面都被一层厚厚的黏液状物质所覆盖，即在膜的表面产生了污染。

纳滤膜表面的污染物可以是有机溶质、无机盐、胶体或者生物污染物质。其中有机物对膜材料的吸附是膜污染的主要因素。吸附污染与污染组分的特性有关,同时与膜自身特性有关,纳滤膜活性皮层的疏水性是引起污染和通量下降的另一个主要原因。无机物的污染可能与水垢有关,如盐类沉积在膜的表面。纳滤膜截留了盐离子,从而使膜表面的盐浓度增大,且可能在某一过滤装置模块中超出了它的溶解度。最常见的盐垢是 $CaCO_3$、$CaSO_4$、$BaSO_4$ 和 SiO_2 等,同时还有一些其他潜在的沉积物。

对比三种纳滤膜的采油废水污染状态不难看出,NF2 纳滤膜表面的凝胶层污染非常显著,NF1 次之,形成凝胶的物质在高代数纳滤膜表面的聚集能力及密实程度要远高于低代数膜。由第 3 章的研究结果可知,代数越高,其表面粗糙度越大,增大了采油废水中的有机物在膜表面的沉积和吸附,从而加重了膜污染。同时,NF2 纳滤膜表面具有的负电荷数量较少,因此易于吸附采油废水中带有负电荷的有机污染物质,从而加重膜污染。

2. PA – SiO_2 复合纳滤膜表面污染物的形态分析

图 6 – 17 给出了 NF0 – SiO_2、NF1 – SiO_2 和 NF2 – SiO_2 纳滤膜经采油废水污染前后膜表面的 PESEM 图。由图 6 – 17 可见,图(a)(c)(e)分别是以代数为 G0 ~ G2.0 的树状 PAMAM 单体制备,其中纳米 SiO_2 粒子的添加量为 1%。未被污染的纳滤膜原膜,在其表面可以看到均匀地分布着纳米 SiO_2 粒子,纳滤膜表面的由纳米粒子搭起的小孔结构清晰可见。但是污染后的纳滤膜,从被采油废水污染后的 FESEM 图(图(b)(d)(f))上看,可以明显地看到这三种膜的表面上覆盖了一层较薄的污染物,盖住了膜表面出现的细小孔洞,膜面上有凝胶附着,但是此时仍然可以看到纳滤膜表面的无机纳米粒子的基底。与原膜相比,有机 – 无机杂化膜由于纳米颗粒的引入而导致沟壑和凸起较原膜更为明显,说明此时膜的污染层厚度并不大,膜污染现象并不十分严重,远远没有达到密实的程度。在实验过程中,通过对 PA – SiO_2 复合纳滤膜表面污染物的肉眼观察,可以看到污染物只是黏附于纳滤膜表面,并未形成密实的污染层。

但是污染后膜的表面形貌由于制备单体的代数不同而呈现出很大的差异。从图 6 – 17 可见,相对而言,NF2 – SiO_2 纳滤膜的污染程度最重,NF1 – SiO_2 纳滤膜次之,而 NF0 – SiO_2 纳滤膜的最弱。从 5.3 节的通量变化规律可知,NF2 – SiO_2 纳滤膜的通量最小,因此也证明了该膜片的污染情况较重这一现象。

6.6.2　污染物质成分分析

图 6 –18 给出了 NF0 纳滤膜过滤采油废水前后的 XPS 光谱图。由图可见,纳滤膜表面的元素主要有 C(1s)、N(1s)和 O(1s)。在图中膜面还出现几个小的峰,它们是与 Na 元素相关的峰:Na(2s)和 Na(1s)分别表示 2s 和 1s 的电子,NaKLL 代表的是俄歇效应。

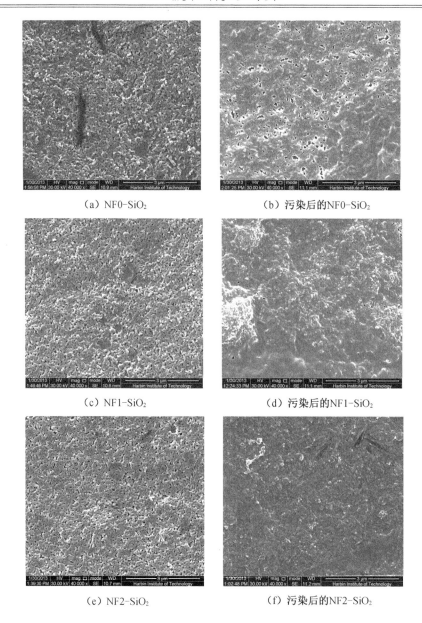

（a）NF0-SiO₂ 　　　　　　　　（b）污染后的NF0-SiO₂

（c）NF1-SiO₂ 　　　　　　　　（d）污染后的NF1-SiO₂

（e）NF2-SiO₂ 　　　　　　　　（f）污染后的NF2-SiO₂

图 6 – 17　PA – SiO₂ 复合纳滤膜污染前后的形貌特征

另外,从图 6 – 18 中还可以看出 NF0 纳滤膜污染前后膜表面的碳元素、氮元素和氧元素的峰高变化,如碳元素和氧元素的峰高增加,而氮元素的峰高变化不明显。这说明 NF0 纳滤膜用于采油废水的处理后,采油废水中的有机物质存在于 NF0 纳滤膜的表面,这是引起纳滤膜污染的主要原因。同时,钠元素的存在,表明由于采油废水中含有大量的盐,特别 Na⁺含量非常高,在过滤过程中,钠盐在膜表面结垢,这是造成 NF0 纳滤膜污染的另外一个因素。

图 6 – 19 则给出了 NF0 – SiO₂纳滤膜的表面 XPS 光谱。由图可见,采油废水处理后的纳滤膜表面仍存在硅元素,表明硅元素始终存在于膜的表面。同时,碳元素与氧元素的峰高在增加,但相比 NF0 纳滤膜而言,碳元素的峰高增长不太明显,而氮元素的峰高减少。另

外,仍可以看到一定量的钠元素存在于膜的表面,说明此时仍有一定量的金属离子存在于纳滤膜表面。

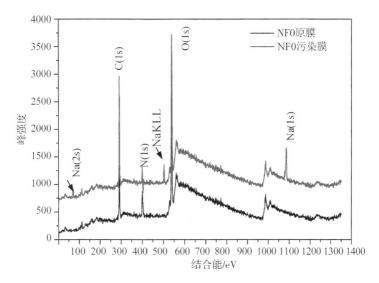

图 6 - 18　NF0 纳滤膜过滤采油废水前后的 XPS 光谱图

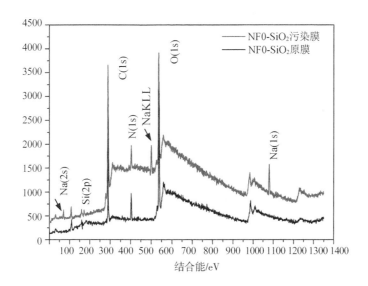

图 6 - 19　NF0 - SiO₂ 纳滤膜过滤采油废水前后的 XPS 光谱

为了比较 NF0 纳滤膜和 NF0 - SiO₂纳滤膜表面的元素定量变化关系,将上述光谱分析所得到的元素组成列于表 6 - 4 中。由表 6 - 4 可见,对于 NF0 和 NF0 - SiO₂纳滤膜污染后,碳、氧元素含量的比例都呈增加趋势,但是 NF0 - SiO₂ 纳滤膜中的碳、氧元素含量的比例增加没有 NF0 纳滤膜的碳、氧元素含量的比例增加明显,表明 NF0 - SiO₂ 纳滤膜表面吸附有机污染物较少。由第 5 章所表征的结果可知,有机 - 无机杂化纳滤膜的亲水性能较高,因此 NF0 - SiO₂纳滤膜具有一定的抗污染性能,从而减缓有机吸附污染。

表 6 - 4　XPS 表面元素分析

膜	$w(C)$	$w(O)$	$w(N)$	$w(C):w(O):w(N)$	$w(S)$	$w(Si)$	$w(Na)$
NF0 原膜			7.12	6.84:5.84:1	1.0	—	1.6
NF0 污染膜	55.6	31.06	7.54	7.37:4.12:1	0.9	—	4.9
NF0 - SiO$_2$ 原膜	41.8	47.45	6.25	6.69:7.59:1	0.8	3.2	0.5
NF0 - SiO$_2$ 污染膜	37.99	48.13	5.58	6.81:8.63:1	1.9	4.0	2.4

6.7　污染膜的清洗

前已述及,无论是 PA 纳滤膜还是含纳米 SiO$_2$ 粒子的有机 - 无机杂化纳滤膜,其在处理采油废水的过程中,随着运行时间的延长,各种污染物将逐渐在膜孔、膜表面累积,从而引起膜通量的逐渐衰减。当通量衰减至一定程度时,膜阻力增大,此时再运行装置则会使操作不再经济;同时,还可能有污染物透过纳滤膜,恶化出水水质。此时,必须对膜进行清洗再生操作,以保证纳滤过程的顺利进行。

本节将以 NF0 及 NF0 - SiO$_2$ 纳滤膜为研究对象,探究不同的清洗过程对膜通量的恢复情况,以及清洗之后对采油废水的处理效果,从而找到合理的清洗剂和清洗方法,以较好地消除膜污染,恢复膜通量。

6.7.1　清洗后膜表面微观特征

1. PA 污染膜清洗之后的表面特征

图 6 - 20 给出了 PA 污染膜经酸洗、碱洗和 NaClO 清洗后的表面形态。由图可见,对于酸洗后的膜,仍然有污染物质明显黏附在膜表面上。酸洗的作用是利用酸类清洗剂溶解去除无机矿物质,使结合在膜表面的凝胶层中的无机金属离子溶出。碱洗是使凝胶层及浅层污垢中的石油类物质、其他有机物质和生物污染物质在碱性作用下水解生成易溶于水的盐类。由图 6 - 20 可见,碱洗后的膜片表面相对干净,膜本身结构上的突起隐约可见;而经过 NaClO 清洗后,膜表面的污染物质几乎全被氧化掉,表面干净。

2. PA - SiO$_2$ 污染膜清洗之后的表面特征

图 6 - 21 给出了 PA - SiO$_2$ 污染膜分别经过酸洗、碱洗和 NaClO 清洗之后的表面形态。由图可见,经酸洗后纳滤膜表面较平,是因为污染物质仍覆盖在纳米 SiO$_2$ 粒子的表面,酸洗并未使纳滤膜达到较好的清洗效果。而碱洗后,明显可以看到纳滤膜表面的纳米粒子,但是其微观形态与未污染的膜仍有所不同。此处的纳米粒子看不出其圆形结构,因此可以推断,此时纳滤膜表面还有一部分污染物质存在。但是对于 NaClO 清洗后的纳滤膜,其表面纳米粒子的突起结构明显地显现出来,但仍可看到 PA - SiO$_2$ 复合纳滤膜的表面仍存在未清洗掉的有机污染物,且大多包裹在无机纳米粒子的表面。这一污染层的存在,使纳滤膜表面形成了滤饼层,而使清洗后的纳滤膜在对采油废水进行处理时,表现出对盐的截留率呈增大状态。

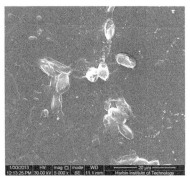　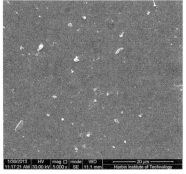

（a）酸洗后的膜表面　　　　　　　　（b）碱洗后的膜表面

（c）NaClO清洗后的膜表面

图 6 – 20　不同清洗方式后 PA 纳滤膜的表面

6.7.2　通量恢复情况

1. 不同清洗方式下 PA 纳滤膜的通量恢复情况

以 NF0 为研究对象,讨论酸洗、碱洗及 NaClO 溶液清洗后膜的清水通量的变化情况。由于在上述清洗过程中,分别使用三张纳滤膜进行了采油废水的过滤实验,为了消除三张纳滤膜初始通量差异的影响,此处采用比通量来考察纳滤膜的清洗效果。实验结果如图 6 – 22 所示。

由图可见,三种清洗方式后,膜的清水比通量均大于 1,特别是碱洗时,膜的清水比通量接近于 2;而当用 NaClO 溶液清洗时,NF0 纳滤膜的清水比通量达到了 5 左右,即此时纳滤膜通量是原膜通量的 5 倍。在酸洗过程中主要是洗去膜表面吸附的金属离子,而碱洗则有利于清洗掉膜表面的有机物,因此通过以上实验结果可见,NF0 纳滤膜在过滤过程中的主要污染物是有机污染物,即在膜的表面形成凝胶层是造成其污染的主要原因。实际操作时,在采油废水过滤结束后的纳滤膜表面,确实可以通过肉眼观察到黏附在膜表面的凝胶层的存在。而对于 NaClO 清洗而言,由于膜表面存在 PA 基团,而 NaClO 溶液作为一种氧化剂,可以使纳滤膜表面的功能层发生氧化,而减薄功能层。商业生产实践中,常存在这样的 NF 后处理工艺,即将膜露于一种氧化剂(如氯气)中,或者在 NaClO 溶液中,将芳香聚酰胺氯化后生成氯胺,由此可通过中和带正电荷的侧胺基团来提高负电荷的密度,并生成高通量、高盐截留率和抗污染的更亲水的、带负电的膜。本实验中纳滤膜虽然不具有芳香聚酰胺的结构,但其清洗后的实验研究结果与其正好吻合。

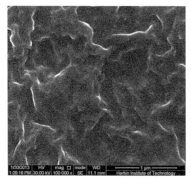
（a）酸洗后的膜表面

（b）碱洗后的膜表面

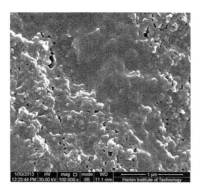
（c）NaClO清洗后的膜表面

图 6 – 21   不同清洗方式后 PA – SiO₂ 纳滤膜的表面

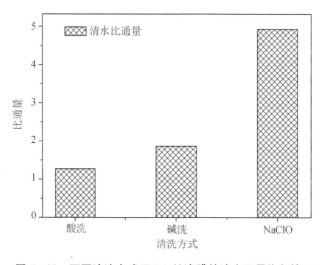

图 6 – 22   不同清洗方式下 PA 纳滤膜的清水通量恢复情况

2. 不同清洗方式下 NF0 – SiO₂ 纳滤膜的通量恢复情况

图 6 – 23 给出了不同清洗方式下,NF0 – SiO₂ 纳滤膜的清水通量恢复情况。由图可见,三种清洗方式所得到的纳滤膜的清水比通量均小于 1。与 NF0 纳滤膜相比,NF0 – SiO₂ 纳滤膜的清洗效果并不太好。其主要原因在于,有机污染物虽不易在膜表面形成致密的滤饼层,但是纳米粒子的存在很容易使有机物吸附到纳米粒子表面,甚至隐藏在纳米粒子的侧面或藏在活性皮层的内部,因此这部分污染物并不易于清洗掉。

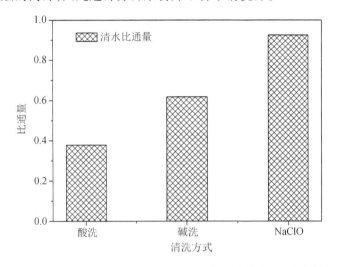

图 6 – 23　不同清洗方式下 PA – SiO₂ 复合纳滤膜的通量恢复情况

由图 6 – 23 还可以看出,仍然是 NaClO 清洗膜所得到的通量最大,其次是碱洗,最后是酸洗。

6.7.3　分离性能恢复情况

1. 不同方式清洗下 NF0 纳滤膜的性能恢复情况

将上述清洗后的纳滤膜分别再次进行采油废水的过滤实验,操作压力为 0.9 MPa。图 6 – 24 表明不同清洗方式下,不同代数的纳滤膜对采油废水的分离性能,以进一步讨论清洗方式对纳滤膜总体分离能力的影响。为了消除纳滤膜初始通量的差别,便于对比清洗之后的膜通量和截留效果,采取比通量和比截留率来表示清洗后的效果。

由图 6 – 24 可见,经过酸洗、碱洗和 NaClO 清洗后,纳滤膜对采油废水的通量恢复情况与清水通量的恢复情况基本一致;不同的是其恢复率远小于清水通量的恢复率,如酸洗后,通量恢复率小于 1,碱洗后纳滤膜的通量恢复率稍大于 1,而 NaClO 清洗后通量的恢复率最大。同时,酸洗和碱洗后纳滤膜对盐的总体截留率均增大,这是由于清洗后只能洗去纳滤膜表面吸附的污染物,而膜孔内部的污染物不易被洗去,因此膜孔被堵塞后纳滤膜的截留率增大。但 NaClO 清洗前后纳滤膜的通量和截留率均得到大幅提高,其原因不仅在于纳滤膜的堵孔作用,还在于纳滤膜在 NaClO 的作用下会发生膜结构上的变化,减薄了纳滤膜的功能层,从而引起渗透性能和分离能力上的改变。

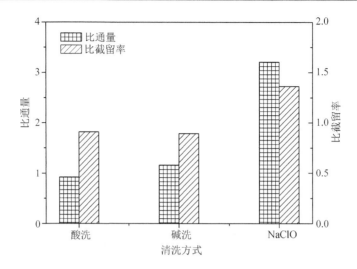

图6-24　不同清洗方式下NF0纳滤膜性能的恢复

2. 不同方式清洗下NF0-SiO₂纳滤膜的性能恢复情况

图6-25给出了NF0-SiO₂纳滤膜经不同方式清洗后,将其再次用于处理采油废水时的盐截留能力,操作压力为0.9 MPa。由图6-25可见,三种清洗方式之后,纳滤膜的比截留率均得到了提高,而且比相应的未添加纳米SiO₂粒子的NF0纳滤膜的截留率要高出许多。三种清洗方式的通量恢复能力均低于前面的NF0纳滤膜。

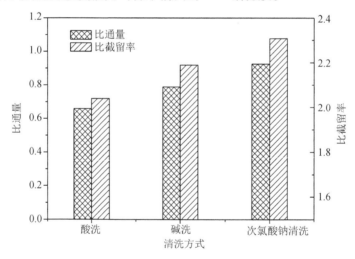

图6-25　不同清洗方式下NF0-SiO₂纳滤膜的性能恢复情况

分析其原因可能在于纳滤膜表面的污染物正好填充于纳米粒子所形成的缝隙中,从而使纳滤膜的孔径相应减小。NF0-SiO₂纳滤膜的粗糙度较大,因此污染物可能更多地吸附在纳滤膜表面的峰谷处,且与纳米粒子很好地结合,从而不利于清洗,因此造成上述的通量和截留率变化规律。

另外,还可以看到,对于NF0-SiO₂纳滤膜,酸洗、碱洗和NaClO清洗所带来的通量和截留率之间的差异不是特别显著,特别是对于NaClO清洗后的通量和截留率的变化远没有

NF0 纳滤膜显著。这是由于纳米粒子的存在,使膜表面与 NaClO 间形成了屏障,从而使纳滤膜表面的聚酰胺皮层受到 NaClO 作用的强度不大,因此 NaClO 清洗后其通量和截留率恢复情况与 NF0 纳滤膜相比不甚明显。

6.8　本 章 小 结

本章通过使用 PA 纳滤膜和 PA – SiO$_2$ 复合纳滤膜处理三次采油废水,研究了操作压力、浓缩倍数和温度对膜通量的影响;考察了 PA 纳滤膜、PA – SiO$_2$ 复合纳滤膜和 NF270 纳滤膜在采油废水处理过程中的盐截留性能,以及对有机物的处理效能;讨论了纳滤膜表面的污染情况,并考察了不同清洗方式对 PA 纳滤膜和 PA – SiO$_2$ 复合纳滤膜的通量恢复情况。研究结果如下:

(1)当压力一定时,纳滤膜的通量随时间的延长而出现快速下降、缓慢下降和通量稳定三个阶段。操作压力越大,膜通量下降速度最快,说明压力越大引起纳滤膜的污染越迅速。1.1 MPa 下,NF0 – SiO$_2$ 纳滤膜的通量为 24 L/(m^2 · h),而 NF0 和 NF – 270 纳滤膜所对应的通量分别为 20 L/(m^2 · h)和 18 L/(m^2 · h),说明 NF0 – SiO$_2$ 纳滤膜具有较高的通量,且抗污染能力得到了提高。

(2)对于不同代数 PAMAM 制备的 PA 纳滤膜和 PA – SiO$_2$ 复合纳滤膜,其通量变化规律是 NF1 > NF0 > NF2,NF1 – SiO$_2$ > NF0 – SiO$_2$ > NF2 – SiO$_2$,即由 PAMAM(G1.0)制备的纳滤膜具有最大的膜通量。从通量衰减速度上看,PAMAM(G0)和 PAMAM(G2.0)所制备的纳滤膜达到通量稳定的时间均较短,表明 G0 和 G2.0 代 PAMAM 制备的纳滤膜较 G1.0 代 PAMAM 制备的纳滤膜更易于吸附有机污染物,从而引起膜污染。

(3)采油废水中的 SDS 和 APAM 均会影响纳滤膜对盐的截留能力。当 SDS 增加时,SDS 的阴离子与金属阳离子的缔合作用使纳滤膜对采油废水的盐截留性能得到提高。APAM 浓度增大时,纳滤膜对采油废水的盐截留率逐渐增大。另外,采油废水中含有 APAM 时,pH 值越大,纳滤膜对采油废水的盐截留率越小。

(4)压力增大,NF0、NF0 – SiO$_2$ 和 NF270 三种纳滤膜对采油废水的盐截留率呈增大的趋势。当压力为 1.1 MPa 时,经 NF0、NF0 – SiO$_2$、NF270 纳滤膜处理后的采油废水的电导率值分别为 6.2 mS/cm、4.61 mS/cm 和 5.04 mS/cm。由此可见,NF0 – SiO$_2$ 纳滤膜所对应的盐截留率最大,NF270 次之,而 NF0 的最小。

(5)利用 PA 纳滤膜处理采油废水时,对二价及三价阳离子的去除率较高。PAMAM 的代数越高,制备的纳滤膜对盐的截留率越大,说明纳滤膜的表面电性对于采油废水中的盐离子的截留起到重要的作用。但利用 PA – SiO$_2$ 复合纳滤膜处理采油废水时,对单价及二价离子的去除率非常接近。

(6)纳滤膜通量随着浓缩倍数的增加逐渐降低,且达到一定的浓缩倍数之后,通量变化趋于平缓。而温度升高,纳滤膜的通量呈增大趋势。

(7)分别研究 NF0、NF0 – SiO$_2$ 和 NF270 纳滤膜对采油废水中有机物的处理效能,结果表明,在 1.3 MPa 下,经 NF0、NF0 – SiO$_2$ 和 NF270 纳滤膜处理后的采油废水 TOC 值约为 25.46 mg/L、27.1 mg/L 和 14.94 mg/L,COD 值分别为 31.91 mg/L、46.3 mg/L 和 37.92 mg/L,本课题开发的 NF0 和 NF0 – SiO$_2$ 纳滤膜在采油废水处理中对有机物的去除取

得了较好的处理效果。

（8）对 PA 纳滤膜和 PA – SiO$_2$复合纳滤膜处理采油废水后的膜表面污染情况进行组成分析，结果表明，纳滤膜表面的主要污染是由有机物沉积产生的凝胶层污染，另外还有少量金属离子沉积造成的污染。

（9）PA 纳滤膜和 PA – SiO$_2$复合纳滤膜清洗结果表明，酸洗的效果最差；碱洗会使纳滤膜的通量恢复较大，但 NaClO 清洗会大幅度提高纳滤膜的通量，截留性能也会大幅提高。PAMAM 制备的纳滤膜具有较好的耐氯性能。PA – SiO$_2$复合纳滤膜清洗后通量恢复效果不如 PA 纳滤膜明显，这是由于有机污染物在纳米粒子表面及内部吸附，不利于彻底清洗。

第7章　三元驱采油废水的膜处理技术

7.1　引　言

石油生产过程中常需要向地下注入驱油物质,以把地下油层中细小孔道的原油"驱赶"出来,经收集后从地下返到地面的油井出口,即含油污水,或采油废水。随着油田开采进入中后期,注入地下的物质也越来越复杂,从最初的注水,到后来的注入聚合物,再到目前很多油田都采用的三元驱复合驱油技术,即向油井中注入"碱 – 表面活性剂 – 聚合物"组成的三元复合物用来驱油。以大庆油田为例,一些偏远的采油矿区,如采油七厂的油井大部分仍采用水驱的方式,即向地下注水把原油驱赶出来进行提捞,这种采油废水主要是含油废水,同时还有一些悬浮物等。而聚驱废水的膜法处理在前面的章节已经进行了大量的介绍,接下来重点介绍一下三元驱采油废水的处理等相关问题。

7.2　三元驱采油废水的特点

7.2.1　三元驱采油废水的主要组成

三元驱技术是指以碱、聚合物、表面活性剂为主要配方,按不同的比例配制用作油层驱替剂。三元复合驱既能提高驱油效率,又能提高波及系数。其原理可归纳为下述几点:

(1)表面活性剂的加入将降低油和岩石间的界面张力,改变了油层的润湿性,从而提高驱油效率;

(2)聚合物(如 APAM)的加入,将大幅增加驱替剂的黏稠性,降低驱替液的波及系数;

(3)三元驱复合物与原油形成乳状液,微观残余油滴不断聚集并逐渐形成油墙,逐渐被驱替出来。

油水混合物被提捞到地面后,一般经过油水分离后得到大量三元驱采油废水。其特点主要表现为含油量大($150 \sim 200$ mg/L)、悬浮物含量高($150 \sim 300$ mg/L)、聚合物浓度高($700 \sim 1000$ mg/L)、盐含量高($5 \times 10^3 \sim 5 \times 10^5$ mg/L);另外含有大量的表面活性剂,容易在采油废水中形成稳定的乳状液,难以破乳将油去除等。

7.2.2　三元驱采油废水的常见处理方法

三元驱采油废水的处理目标大部分围绕去除水中分散油滴及乳化的原油,去除悬浮物及固体颗粒物等;而有的执行较高的水质标准,须去除废水中的 COD、BOD、色度及气味等。常见的处理方法有物理法、化学法、物理化学法和生物法等。其中物理法主要是利用沉降、过滤、离心等机械分离的方法;化学法则通过向采油废水中加入絮凝剂的方法,利用絮凝剂(如硫酸铝铁)等携带的正电荷,将油滴表面的负电荷进行中和,从而引起废水中胶体物质的聚沉,通过吸附架桥、压缩双电层、网捕卷扫等作用,将水体中的微粒油滴、细小悬浮物转化为絮体,从而达到油水分离的目的。有的则加入氧化剂等,将油组分中部分还原性有机物经过氧化还原反应后,转化为无机物或者易于生物降解的低分子有机物。

受油井开采负荷及不同区块的影响,即使在油水处理的联合站,三元驱采油废水的水质波动依然非常频繁,污染物的成分也各不相同且非常复杂,单一的物理、化学和生物处理方法很难实现很好的处理效果,因此工业上常根据不同的水质及不同的处理目标,将上述多种处理工艺联合使用,以提高处理后的水质指标。例如,有的采取物理法和生物法的结合,即采用"隔油 - 气浮 - 厌氧 - 好氧"生物滤池工艺处理采油废水;有的则采取物理法和化学法的结合,如首先采用气浮法作为一级处理,接下来采用光 - Fenton 法进行二级处理。大庆油田的三元驱采油废水主要采取沉降段序批工艺 + 二级过滤,其中沉降水罐中主要包括曝气和气浮,即在油水混合物中通入空气,带动油滴上浮,从而进行油水分离。但是,由于采油废水的黏度大,油水分离和悬浮物的分离速度非常慢,甚至造成沉降罐底部 1 m 以下的位置都会出现黏稠物,颗粒呈现稳定的悬浮状态,根本不沉降,常须对其进行人工清淤处理,给生产带来很多不便。而采油废水经过沉降后进入过滤单元,进一步除去悬浮物、APAM 和表面活性剂(即油田助剂,如破乳剂、乳化剂等)之后,用于油井回注。此时如果 APAM 含量过低,则向采油废水中补充加入 APAM 和分散剂;APAM 含量过高,则加入清水进行稀释。

由此可见,大部分油田的采油废水处理效果并不理想,一般只能通过简单的处理后排入地下高渗层,必然造成地下油层的损害。因此,有必要开发多种方法联合处理采油废水的先进技术,并对其进行膜法深度处理,去除采油废水中的原油、矿物质盐类、部分有机物等。众多研究成果表明,膜技术在油田废水处理领域具有较高的应用推广价值。

7.3　其他膜技术在采油废水处理中的应用

7.3.1　微滤

微滤膜的孔径通常有 $0.1~\mu m$、$0.22~\mu m$ 和 $0.4~\mu m$ 等规格,其分离机理一般是通过孔径筛分的作用,对采油废水中的颗粒物、悬浮物等进行去除。工程上应用两种 Al_2O_3 陶瓷膜($0.2~\mu m$ 和 $0.8~\mu m$),以及一种表面聚丙烯腈改性的陶瓷膜(3 MF)来进行高含油(1000 mg/L)废水处理,去除率可达 99%;另外,油水乳化液中油的含量为 250 mg/L,跨膜压差 $0.05 \sim 0.28$ MPa,微滤 60 min 后,98.8% 的油类可被去除,通量达到 $19.3~L/(m^2 \cdot h)$,微滤膜可用于实现油水分离,出水水质完全符合排放标准(10 mg/L);除此之外,有研究表明,使用管式陶瓷膜处理采油废水,油水分离率达到 89% ~ 97%,且膜后的出水水质可达地层回注标准。另外有研究使用孔径 $0.4 \sim 1.2~\mu m$ 的 $NaA/\alpha - Al_2O_3$ 微滤膜,当采油废水含油量为 100 mg/L,跨膜压差为 50 kPa 时,处理后采出水中油含量小于 1 mg/L,油的去除率高达 99% 以上。

2010 年,Ebrahimi 等分别使用孔径为 0.1 μm 的 Al_2O_3 陶瓷 MF 膜作为后处理装置处理废水。结果表明,0.1 μm 孔径 MF 膜可使含 148.6 mg/L 油和 23 mg/L TOC 污染物的废水中油含量和 TOC 值分别降低 61.4% 和 38.6%。当使用聚丙烯中空纤维 MF 膜处理油田含油污水后,水中悬浮固体浓度低于 1 mg/L,悬浮固体颗粒粒径小于 1 μm,油含量低于 1 mg/L,能满足油田注水要求,但膜易污染,清洗周期短。除此之外,使用陶瓷 MF 膜对江苏油田含油废水处理进行了实验研究,处理后含油量小于 4 mg/L,悬浮固体含量小于 3 mg/L。

以上研究表明,对于不同的采油废水,MF 膜对油均有较好的去除效果。表 7 -1 对比了不同类型的 MF 膜在石油工业废水处理中的应用效果,大部分 MF 膜对油的去除率均达到 95% 以上,有的甚至能达到 99%。另外,采油废水的初始 TOC 值为 23 mg/L 时,使用表 7 -1 中 0.1 μm 的 MF 膜,可使 TOC 值降低 38.6%,表明油含量是采油废水中 TOC 的主要贡献者,高效的除油能力对于提高采油废水的处理水平,进一步降低 COD 值等是有益的处理途径,MF 膜分离技术在采油废水处理方面具有巨大的潜力,未来可能会替代传统处理技术。

综上,微滤膜在油田采出水的应用主要是去除其中的原油、固体颗粒和悬浮物的含量,使其达到低渗透油田的注水水质标准。为了提高微滤膜的运行周期,减缓膜污染,一般在微滤处理的前端设置预处理工段,如混凝、沉降、旋流分离、机械过滤等操作单元。

表 7 -1　不同 MF 膜处理采油废水对比

膜材质	膜名称	采油废水含油浓度/(mg·L⁻¹)	去除效率/%	渗透通量		外加压力/MPa
				L/(m²·h·MPa)	kg/(m²·h)	
ZrO_2	ZrO_2	200	95.7	1735	—	0.11
Al_2O_3 – 陶瓷	0.1 μm	148.6	61.4	7 150	—	0.05 ~ 0.2
α – Al_2O_3 – 陶瓷	0.2 μm	1000	99.0	—	26 ~ 471	0.069
α – Al_2O_3 – 陶瓷	0.8 μm	1000	99.0	—	25 ~ 301	0.069
表面改性聚丙烯腈	PNA	1000	99.0	—	6.9 ~ 438	0.069

7.3.2　超滤

超滤是一种介于微滤和纳滤之间的过滤技术,其孔径常为 1 ~ 100 nm,操作压力常为 0.1 ~ 0.6 MPa,能够截留相对分子质量在 300 ~ 500 000 Da 的物质,包括多糖、生物分子、聚合物和胶体物质等。微滤的颗粒截留范围一般为 0.1 ~ 0.2 μm,比超滤要高出 1 ~ 2 个数量级,即超滤的颗粒截留范围一般可达到 0.001 ~ 0.01 μm,是一种简单有效的以筛分为基础理论的膜法分离技术。它只允许小分子溶剂及小于膜孔的溶质分子透过,而大分子溶质被截留,进而实现溶质与溶剂的分离、料液的浓缩等过程。

近年来,不同类型的 UF 膜不断被研究用于石油工业生产废水处理过程中。当两种未改性的 UF 膜和一种纳米氧化铝表面修饰的 UF 膜用于采油废水处理时,经两种 UF 膜处理后均可达到重新使用的标准,表面修饰膜去除有机污染物效率更为突出(油:98.02% ;TSS:

98.7%；TOC：98%）；而且纳米氧化铝表面改性 UF 膜抗污能力强，渗透通量高（1700 L/（m² · h · MPa）），经清洗液清洗后通量可完全恢复，修饰的 UF - PVDF 是一种经济废水处理膜，特别适用于石油工业生产废水预处理，使其达到再利用或者排放的标准。另外，采用自制的外压管式聚砜 UF 膜处理胜利油田东辛采油厂预处理过的污水，可有效去除含油污水中的石油类、机械杂质及腐生菌等污染物，截留率均大于 97%。在此基础上，进一步开发出磺化聚砜 UF 膜，进行了油田含油污水处理研究。在相同的条件下，磺化后的聚砜膜的通量比聚砜膜的通量大，截留率相当。当使用聚丙烯腈材质的亲水 20 kDa UF 膜 - PAN350 模拟石油工业生产废水处理，在操作压力为 0.15～0.3 MPa 时，油和 TSS 去除率达到 99%，但 TDS 去除率仅达到 30%。另外，有研究使用管式磺化聚砜 UF 膜处理辽河油田曙光采油厂含油污水，经超滤膜处理过的水质中含油量、悬浮固体浓度满足低渗油层回注水质相关标准，但存在膜通量低、易污染等问题。也有研究采用 PES 超滤膜处理油田采出水，超滤出水中的油类、悬浮物及粒径中值均满足油田回注水的水质标准。使用 PES 超滤膜处理炼油污水，TOC 去除率可达 96.3% 以上，油脂去除率更是高达 99.7%。由此可见，虽然不同的油田区块产生不同成分的采油废水，采油废水的成分相当复杂，但 PES 超滤膜对炼油污水有很好的处理效果。值得一提的是，任何一种膜的使用均须经过进一步优化才能确定运行参数，从而确定其实际使用效果。

PVDF 超滤膜在油田废水中也得到了广泛的应用。徐俊等在大庆油田某采油厂使用 PVDF 膜处理大庆油田含油废水，膜滤出水中油和悬浮物的质量浓度均小于 1.0 mg/L，去除率可达到 95%。丁慧等研究发现，在 50 ℃，浓水回流体积比 50%，在线反冲洗周期 25 min 的条件下，用 PVDF 膜处理油田采出水，水质可达到 SY/T 5329—94 低渗透油田注水水质 A1 级标准。镇祥华等报道了在跨膜压差为 0.3～0.35 MPa，膜面流速为 3～3.5 m/s，温度为 35～40 ℃ 的条件下，用切割分子量为 100 kDa 的 PVDF 膜处理大庆油田采油废水，出水悬浮物和含油量均低于 1 mg/L，出水水质满足油田回注水标准。刘彬等考察发现，在一定的预处理条件下，采用 PDVF 膜处理油田污水，出水水质可达到特低渗透油田回注水"5.1.1"水质标准。

由以上研究可以看出，由于超滤膜的孔径进一步降低，超滤处理后的采油废水，其含油量和悬浮物都得到很好的去除，出水水质得到进一步提高。

7.3.3 反渗透

反渗透膜是非常致密的一种膜，它只允许水分子通过，对几乎所有的物质都起到截留作用。在采油废水处理过程中，反渗透膜将进一步去除其中的溶解性成分，如矿物质盐、小分子有机物等，产水指标得到了进一步提高。但由于反渗透的操作压力较高，且膜孔致密，因此常须在反渗透前进行严格的预处理，如采用"溶汽气浮 - 超滤 - 反渗透"法处理油田采出水并进行再配聚实验研究。结果表明，处理后油和 SS 的质量浓度降至 1 mg/L 以下，出水矿化度降至 500 mg/L 以下，对聚合物影响较大的 Ca^{2+} 和 Mg^{2+} 的质量浓度降至 5 mg/L 以下；配制的聚合物溶液黏度和黏度稳定性均有较大的提高。处理后的水可以替代清水配制聚合物母液，提高了采油废水的利用率，产生了一定的经济效益。

另外，当以油田注汽锅炉给水的要求为标准，采用超滤 - 纳滤双膜法对油田采出水进行深度处理时，超滤出水的水质 SS 小于 1 NTU，SDI_{15} 低于 4.0，出水水质符合纳滤膜的进水要求;再经纳滤膜处理后的出水油含量小于 0.06 mg/L;此外,纳滤处理后的矿化度、COD 等也得到了进一步的降低。超滤作为纳滤的一种前处理技术,为纳滤处理效果提供了保证,同时也保障了纳滤装置的稳定运行。另外,有研究表明 UF/NF 耦合工艺对模拟含油污水的处理效果,其中 UF 工艺采用的是 PVDF 膜,而 NF 工艺采用的是 PA 纳滤纳滤膜。实验结果表明,第一步 UF 工艺去油率就能达到 90% 以上,再经过第二步的 NF 工艺,去油率已经可以达到 100%,TOC 去除率也能达到 99% 以上。

另外,UF/RO 耦合工艺用于处理含油污水,其中 UF 工艺采用的是 PAN 膜,RO 工艺采用的是 PA 纳滤膜。实验结果表明,UF/RO 耦合工艺对油脂的去除率可达 100%,而对 TOC、COD、TDS 的去除率也都在 95% 以上。上述不同膜过程的耦合工艺对于提升采油废水的处理效果提供了保证。

7.4　常见膜材料

7.4.1　无机膜材料

因为油水混合物对于滤膜来说,膜污染严重、清洗频繁及通量恢复率不高是膜过程面临的最大问题。有机膜材料具有来源广泛、成本低廉等特点,但由于有机高分子聚合物普遍具有较强的疏水性,因此膜污染问题是限制其大规模应用的主要因素。目前,国内外针对采油废水的处理常以陶瓷微滤膜和 PVDF 为主。陶瓷膜化学稳定性好,能耐酸、耐碱、耐有机溶剂,亲水性强,机械强度大,可反向冲洗,膜通量恢复率高,尽管其成本略高,仍受到人们的广泛重视。如使用无机前体(如高岭土、石英和长石等)制备低成本无机陶瓷膜,该陶瓷膜在处理油水乳液时,处理效率高达 98.8%。另外,有的研究采用原位聚合技术将纳米 SiO_2 粒子引入膜材料中,取得了较好的去油效果。

其不足之处在于造价较高,无机材料脆性大、弹性小,给膜的成形加工及组件装备带来一定的困难,限制了其在采油废水处理工程中的应用。

7.4.2　聚砜等膜材料

目前,国内外用于油田含油污水处理的超滤膜主要有聚砜(PSF)超滤膜、聚醚砜(PES)超滤膜、聚偏氟乙烯(PSF)超滤膜、聚四氟乙烯(PTFE)超滤膜等。

聚砜是一类耐高温、高强度的工程塑料,具有优异的抗蠕变性能,在废水处理中的研究和应用较为广泛。聚砜类膜因其热稳定性好、无毒、成本低等优点,是目前生产量最大的合成膜材料。通过对其进行亲疏水改性,可以大大提高其油水分离的效率及抗污染性能。其主要特点如下:

(1)稳定性好,憎水性强;

(2)使用温度高达 75 ℃;

(3)使用 pH 值 1 ~ 13;

(4)耐氯性能好,一般在短期清洗时对氯的耐受量可高达 200 mg/L,长期储存时耐受量

达 50 mg/L;

（5）孔径范围宽，切割分子量为 1000～500 000Da，符合超滤膜的要求，但不能用于制造反渗透膜。

聚砜是目前性能优越的商品化反渗透复合膜的支撑体，也是超滤膜使用最广泛的一种膜材料，具有广阔的应用前景，但由于其表面能较低，疏水性强，易产生膜污染，因此极大地限制了其应用；另外其耐紫外性能、耐候性及耐疲劳性能较差，在含油废水处理中的应用受到了制约。

而聚醚砜是一种性能优良的膜材料，其分子中同时具有苯环的刚性、醚基的柔性及砜基与整个结构单元形成的大共轭体系，整个分子稳定性好，机械性能及成膜性能优异，玻璃化温度高达 225 ℃，可在 180 ℃下长期使用，且具有耐燃、耐辐射、抗酸、抗氧化、抗溶剂等优良性能。以聚醚砜制备的膜材料耐压、耐热、耐氧化性能均较高，生物相容性也较其他膜材料好，是制备复合纳滤膜的理想基膜，近年来研究及应用日益广泛。

7.4.3 聚偏氟乙烯

含氟类聚合物膜材料虽然价格较高，但是具有耐高温、耐腐蚀、耐低温、无毒、低黏附及对气候变化的适应性等优点，在油水分离领域也有较多的研究。聚偏氟乙烯作为一种核心材料，由于具有耐腐蚀、膜通量大、机械强度高、耐热及化学稳定性好等特点，在超滤膜制备领域也得到了广泛关注。PVDF 超滤膜具有良好的机械强度，膜丝抵抗断丝的能力强，能够保证超滤膜不失去其分离性能；并具有良好的耐化学腐蚀、耐氧化和耐光老化等性能。因此其可以使用各种方法反复清洗，以除去污染物和恢复通量。在油田采出水处理中，PVDF 超滤膜由于其耐酸碱范围一般为 pH = 2～11，因此在三元驱采油废水处理中，由于该废水具有很高的碱度，pH = 9～13，因此容易造成 PVDF 膜丝的损坏。

另外，由于 PVDF 不耐碱和有机溶剂，而且其膜制备过程有大量污水产生，得到的膜丝存在强度不够高、通量和孔隙率较小及易脱皮等问题。其应用范围仍受到了很多限制。

7.4.4 PTFE 膜材料

以 PTFE 为原料的滤膜制备可追溯到 20 世纪 70 年代。1976 年美国、日本等国的膜公司都制备出了孔隙率高达 96% 的平板 PTFE 微孔膜，并陆续在提高膜强度、孔隙率及弹性性能等方面展开了大量工作。近年来 PTFE 膜具有优异的特性，受到人们的广泛关注。PTFE 又名"特氟龙"（Teflon），常用于制造不粘锅涂层。PTFE 是由碳、氟两种元素通过共价结合而形成的不含支链的高分子，其分子链模型如图 7-1 所示。PTFE 呈高度对称的螺旋构型，该构型形成的原因是，PTFE 的碳链外围为密集排布的具有耐腐蚀性的 F 原子，F 原子之间存在很强的斥力，使得 PTFE 分子链较为僵硬。

PTFE 膜的物理和化学特性稳定，具有耐强碱、耐微生物侵袭、温域范围广（-190～260 ℃）、耐氧化、耐油、无毒、优良的生理惰性和有竞争力的价格等诸多优点，是其他类型的膜所不能比拟的，也是处理三元驱采油废水的优选材料。由于其具有更高的机械强度，因而可承受更高的过滤压力，也可有效避免反冲洗对 PTFE 膜使用寿命的影响；三元驱采油废水的 pH 值（10～13）超过了诸如 PVDF、PES 等膜材料的耐受范围，而 PTFE 膜可以耐强酸、强碱,可以在三元驱采油废水膜滤过程中连续运行;PTFE 膜的价格也更有竞争力,以日本华尔卡公司生产的 PTFE 膜为例,其成本在整个工程中仅占 10% ~ 15%。此外,PTFE 膜具有极强的物理和化学稳定性,抗耐辐照性能强,即使长期暴露于空气中,其性能仍可保持不变。PTFE 膜在服装面料、生物医学、好氧发酵工程、化工废液、印染废液和医药废液等高难度的工业废液处理等领域得到了广泛应用。

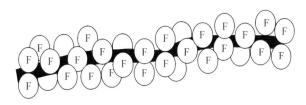

图 7 - 1　PTFE 的分子链模型

前期报道的基于 PTFE 的均质中空纤维膜,虽然耐酸碱溶剂和化学稳定性更好,但因其生产工艺复杂、物理强度和通量不够高、膜丝和环氧封头结合力差等原因,难以被大规模地推广应用。针对以上问题,目前国内已经开发出绿色环保的低成本生产工艺,通过对 PTFE 原料、膜支撑材料的筛选及对膜生产工艺的突破,得到了超高强度和超大通量的 PTFE 中空纤维复合膜,打破了国外的垄断地位。

张冰使用 PTFE 膜处理大庆油田三元驱采油废水,中试系统运行参数对的优化结果表明,该系统最优运行参数为:膜通量 10 L/(m² · h)、反洗周期 60 min、反洗通量 90 L/(m² · h) 和气洗强度 10 m³/(m² · h)。此时,PTFE 膜对油、APAM、TOC、浊度、SS 的去除率分别为 74.82% ~ 83.6%、95.8% ~ 98.25%、81.56% ~ 91.47%、84.25% ~ 91.74%、88.42% ~ 98.95%。并研究了不同污染物相互作用对污染物去除效果的影响,结果表明,金属离子和表面活性剂都会降低 PTFE 膜对油和 APAM 的去除率,但是油可以提高 PTFE 膜对 APAM 和表面活性剂的去除率,APAM 可以提高 PTFE 膜对油和表面活性剂的去除率。

7.5　本 章 小 结

三元驱采油废水成分复杂,其含有大量的聚合物、表面活性剂、矿物质盐等成分,给油田水处理带来了一定的难度。针对该废水常需要加大其在预处理工段的力度,通过混凝、沉淀、过滤等工艺减少废水中固体颗粒的含量。微滤、超滤等膜处理工艺得到了广泛的应用。

从膜材料的种类上看,无机材料膜和有机膜各有利弊。新兴膜材料 PTFE 膜在采油废水处理过程中表现出较高的分离效能,加上其具有较宽的 pH 适用范围,以及优异的抗污染能力,在采油废水膜法处理中具有较好的应用前景。

参 考 文 献

[1] 宋尊剑.膜技术处理油田采出水的应用前景[J].油气田地面工程,2007,26(5):21-22.

[2] AHMADUN F R,PENDASHTEH A,ABDULLAH L C,et al. Review of technologies for oil and gas produced water treatment[J]. J. Hazard. Mater. ,2009(170):530-551.

[3] 成小娟,朱倩倩,黄凤,等.化学工业污水处理综述[J].广东化工,2010,37(5):152-154.

[4] 张治宏,王彩花,王晓昌.高级氧化技术在印染废水处理中的研究进展[J].工业安全与环保,2008,34(8):22-24.

[5] SHANNON M A,BOHN P W,ELIMELECH M,et al. Science and technology for water purification in the coming decades[J]. Nature,2008,452(7185):301-310.

[6] 黄瑞华.壳聚糖季铵盐/高分子复合纳滤膜的制备及其特征研究[D].青岛:中国海洋大学,2007:10-11.

[7] 张军彩,谷宝累.膜技术在水处理和污水资源化应用的新进展[J].河北建筑工程学院学报,2011,29(2):35-37,48.

[8] 李建新,王虹,杨阳.膜技术处理印染废水研究进展[J].膜科学与技术,2011,31(3):145-148.

[9] CASSINI A S,TESSARO I C,MARCZAK L D F,et al. Ultrafiltration of wastewater from isolated soy protein production:A comparison of three UF membranes [J]. J. Clean. Prod. ,2010,18(3):260-265.

[10] AKDEMIR E O,OZER A. Investigation of two ultrafiltration membranes for treatment of olive oil mill wastewater[J]. Desalination,2009,249(2):660-666.

[11] BARREDO-DAMAS S,ALCAINA-MIRANDA M I,Bes-Piá A,et al. Ceramic membrane behavior in textile wastewater ultrafiltration[J]. Desalination,2010,250(2):623-628.

[12] 蔡钊荣.油田含油污水处理及回用技术[D].青岛:中国海洋大学,2006:5-10.

[13] MOUSAVICHOUBEH M,SHARIATY-NIASSAR M,GHADIRI M. The effect of interfacial tension on secondary drop formation in electro-coalescence of water droplets in oil[J]. Chem. Eng. Sci. ,2011,66(21):5330-5337.

[14] 邵刚.膜法水处理技术及工程实例[M].北京:化学工业出版社,2002:130-150.

[15] HE Y,JIANG Z W,et al. technology review:Treating oilfield wastewater[J]. Filtr. Sep. ,2008,45(5):14-16.

[16] 镇祥华,于水利,庞焕岩,等.超滤膜处理油田采出水用于回注的试验研究[J].环境污染与防治,2006,28(5):329-333.

[17] 王北福,于水利,魏泽刚,等.超滤和电渗析联合处理含聚废水的试验研究[J].给水排水,2006,32(5):45-48.

［18］LIA Y S,YANA L,XIANG C B,et al. Treatment of oily wastewater by organic-inorganic composite tubular ultrafiltration（UF）membranes［J］. Desalination,2006,196（1－3）: 76－83.

［19］汪锰,王湛,李政雄. 膜材料及其制备［M］. 北京:化学工业出版社,2003:89－94.

［20］HUANG R H,CHEN G H,SUN M K,et al. Hexamethylene diisocyanate crosslinking 2-hydroxypropy-trimethyl ammonium chloride chitosan/poly（acrylonitnle）composite nanofiltration membrane［J］. J. App. Poly. Sci. ,2007,105（2）:673－679.

［21］郑炳云. 纳滤膜技术在食品及制药中的应用［J］. 福建师大福清分校学报,2002（2）: 40－45.

［22］LAU W J,ISMAIL A F. Polymeric nanofiltration membranes for textile dye wastewater treatment:Preparation, performance evaluation, transport modelling, and fouling control-a review［J］. Desalination,2009（245）:321－348.

［23］DAI Y,JIAN X G,ZHANG S H,et al. Thin film composite（TFC）membranes with improved thermal stability from sulfonated poly（phthalazinone ether sulfone ketone）（SPPESK）［J］. J. Membr. Sci. ,2002,207（2）:189－197.

［24］朱淑飞,钱钰,鲁学仁. 我国纳滤膜技术的研究进展［J］. 水处理技术,2002,28（1）: 12－16.

［25］RAMAN L P,CHERYNA M. ,RAJAGOPALAN N,et al. Consider nanofiltration for membrane separations［J］. Chem. Eng. Pro. ,1994（3）:68－72.

［26］姚国英. 纳滤膜材料及其应用［J］. 上海应用技术学院学报（自然科学版）,2003,3（4）: 255－259.

［27］SONG H C,SHAO J H,HE Y L,et al. Natural organic matter removal and flux decline with charged ultrafiltration and nanofiltration membranes［J］. J. Membr. Sci. ,2011,376（1/2）: 179－187.

［28］CAUS A,VANDERHAEGEN S,BRAEKEN L,et al. Integrated nanofiltration cascades with low salt rejection for complete removal of pesticides in drinking water production［J］. Desalination,2009,241（1－3）:111－117.

［29］PANG W H,GAO N Y,XIA S J. Removal of DDT in drinking water using nanofiltration process［J］. Desalination,2010,50（2）:553－556.

［30］XIA S J,DONG B Z,ZHANG Q L,et al. Study of arsenic removal by nanofiltration and its application in China［J］. Desalination,2007,204（1－3）:374－379.

［31］HARISHA R S,HOSAMANI K M,KERI R S,et al. Arsenic removal from drinking water using thin film composite nanofiltration membrane［J］. Desalination,2010,252（1－3）: 75－80.

［32］FAVRE-REGUILLON A,LEBUZIT G,MURAT D,et al. Selective removal of dissolved uranium in drinking water by nanofiltration［J］. Water Res. ,2008,42（4－5）:1160－1166.

［33］XU B,LI D P,LI W,et al. Measurements of dissolved organic nitrogen（DON）in water samples with nanofiltration pretreatment［J］. Water Res. ,2010,44（18）:5376－5384.

［34］VAN DER BRUGGEN B,VANDECASTEELE C. Removal of pollutants from surface water and groundwater by nanofiltration:overview of possible applications in the drinking water industry[J]. Environ Pollut. ,2003,122(3):435 – 445.

[35] BELLONA C,DREWES J E,XU P,et al. Factors affecting the rejection of organic solutes during NF/RO treatment—a literature review[J]. Water Res. ,2004,38(12):2795 – 2809.

[36] CHANG E E, CHEN Y W, LIN Y L, et al. Reduction of natural organic matter by nanofiltration process[J]. Chemosphere,2009,76(9):1265 – 1272.

[37] CUARTAS-URIBE B,ALCAINA-MIRANDA M I,SORIANO-COSTA E,et al. A study of the separation of lactose from whey ultrafiltration permeate using nanofiltration [J]. Desalination,2009,241(1 – 3):241 – 255.

[38] 李峰,安全福,张林,等. 高分子纳滤膜材料研究进展[J]. 中国材料科技与设备,2008, 5(2):1 – 4.

[39] CONLON W J, DURANCEAU S J, KOHLI H S, et al. Reverse osmosis and nanofiltration [M]. New York,NY:McGraw-Hill,1999:4 – 20.

[40] WILLIAMS M E,HESTEKIN J A,SMOTHERS C N,et al. Separation of organic pollutants by reverse osmosis and nanofiltration membranes:mathematical models and experimental verification[J]. Ind. Eng. Chem. Res. ,1999,38(10):83 – 95.

[41] XU P,DREWES J E,HEIL D,et al. Beneficial use of co-produced water through membrane treatment:technical-economic assessment[J]. Desalination,2008,225(1 – 3):139 – 155.

[42] AKMAKCE M, KAYAALP N, KOYUNCU I. Desalination of produced water from oil production fields by membrane processes[J]. Desalination,2008,222(1 – 3):176 – 186.

[43] MELO M, SCHLUTER H, FERREIRA J, et al. Advanced performance evaluation of a reverse osmosis treatment for oilfield produced water aiming reuse[J]. Desalination,2010, 250(3):1016 – 1018.

[44] MONDAL S, WICKRAMASINGHE S R, et al. Produced water treatment by nanofiltration and reverse osmosis membranes[J]. J. Membr. Sci. ,2008,322(1):162 – 170.

[45] VAN DER BRUGGEN B, MÄNTTÄRI M M, NYSTRÖM M. Drawbacks of applying nanofiltration and how to avoid them:A review[J]. Separ. Puri. Tech. ,2008,63(2):251 – 263.

[46] 张逢玉,姜安玺,吕阳. 油田采出水处理技术与发展趋势研究[J]. 环境科学与管理, 2007,32(10):65 – 68,80.

[47] 王兴华,王薇. 界面聚合法制备复合膜中的改性研究[J]. 高分子通报,2010(5): 22 – 27.

[48] YANG Y Q, Jian X G, Yang D L, et al. Poly (phthalazinone ether sulfone ketone) (PPESK) hollow fiber asymmetric nanofiltration membranes:Preparation,morphologies and properties[J]. J. Membr. Sci. ,2006,270(1 – 2):1 – 12.

[49] 汤蓓蓓,徐铜文,武培怡. 界面聚合法制备复合膜[J]. 化学进展,2007,19(9): 1428 – 1435.

[50] KIM I C, LEE K H, TAK T M. Preparation and characterization of integrally skinned uncharged polyetherimide asymmetric nanofiltration membrane[J]. J. Membr. Sci. ,2001, 183(2):235 – 247.

[51] BOWEN R,DONEVA W,YIN H B. Polysulfone-sulfonated poly(ether ether) ketone blend

membranes:systematic synthesis and characterisation[J]. J. Membr. Sci. ,2001,181(2):253 – 263.

[52] LAU W J,ISMAIL A F. Theoretical studies on the morphological and electrical properties of blended PES/SPEEK nanofiltration membranes using different sulfonation degree of SPEEK [J]. J. Membr. Sci. ,2009,334(1 – 2):30 – 42.

[53] LAU W J, ISMAIL A F. Effect of SPEEK content on the morphological and electrical properties of PES/SPEEK blend nanofiltration membranes[J]. Desalination. ,2009,249(3):996 – 1005.

[54] TANG B B,HUO Z B,WU P Y,et al. Study on a novel polyester composite nanofiltration membrane by interfacial polymerization of triethanolamine(TEOA)and trimesoyl chloride (TMC):I. Preparation,characterization and nanofiltration properties test of membrane[J]. J. Membr. Sci. ,2008,320(1 – 2):198 – 205.

[55] 梁雪梅,陆晓峰,梁国明,等. 界面缩聚法制备聚芳酯复合纳滤膜的研究:Ⅱ. 界面缩聚对复合膜的影响[J]. 华东理工大学学报(自然科学版),1999,25(4):394 – 397.

[56] SEMAN M N A, KHAYET M, HILAL N. Nanofiltration thin-film composite polyester polyethersulfone-based membranes prepared by interfacial polymerization[J]. J. Membr. Sci. ,2010,348(1 – 2):109 – 116.

[57] WU H Q, TANG B B, WU P Y. Preparation and characterization of anti-fouling β-cyclodextrin/polyester thin film nanofiltration composite membrane[J]. J. Membr. Sci. , 2013,428:301 – 308.

[58] 崔绍波,卢忠远,刘德春,等. 界面聚合技术在材料制备中的应用[J]. 材料导报,2006, 20(7):91 – 94.

[59] BOWEN W R,CHENG S Y,Doneva T A,et al. Manufacture and characterisation of polyetherimide/sulfonated poly(ether ether ketone) blend membranes[J]. J. Membr. Sci. 2005,250(1 – 2):1 – 10.

[60] TANG C Y,KWON Y N,LECKIE J O,et al. Fouling of reverse osmosis and nanofiltration membranes by humic acid—effects of solution composition and hydrodynamic conditions [J]. J. Membr. Sci. ,2007,290(1 – 2):86 – 94.

[61] YU S C,LIU M H,LÜ Z H,et al. Aromatic-cycloaliphatic polyamide thin-film composite membrane with improved chlorine resistance prepared from m-phenylenediamine-4-methyl and cyclohexane-1,3,5-tricarbonyl chloride[J]. J. Membr. Sci. ,2009,344(1 – 2): 155 – 164.

[62] KAWAGUCHI T,TAMURA H. Chlorine-resist membrane for reverse osmosis. I. Correlation between chemical structures and chlorine resistance of polyamides[J]. J. Appl. Polym. Sci. ,1984,29(11):3359 – 3367.

[63] KONAGAYA S,WATANABE O,et al. Influence of chemical structure of isophthaloyl dichloride and aliphatic,cycloaliphatic,and aromatic diamine compound polyamides on their chlorine resistance[J]. J. Appl. Polym. Sci. ,2000,76(2):201 – 207.

[64] SHINTANIA T, MATSUYAMA H, KURATA N. Development of a chlorine-resistant polyamide reverse osmosis membrane[J]. Desalination,2007,207(1 – 3):340 – 348.

[65] 安全福,计艳丽,陈欢林,等. 一种荷正电纳滤膜的制备方法,201010039535.1[P]. 2010 – 07 – 07.

[66] JEON M Y, YOO S H, KIM C K. Performance of negatively charged nanofiltration membranes prepared from mixtures of various dimethacrylates and methacrylic acid[J]. J. Membr. Sci. ,2008,313(1 – 2):242 – 249.

[67] BUONOMENNA M G,GORDANO A,GOLEMME G,et al. Preparation,characterization and use of PEEKWC nanofiltration membranes for removal of Azur B dye from aqueous media [J]. Reactive and functional polymers,2009,69(4):259 – 263.

[68] LI L C,WANG B G,TAN H M,et al. A novel nanofiltration membrane prepared with PAMAM and TMC by in situ interfacial polymerization on PEK-C ultrafiltration membrane [J]. J. Membr. Sci. ,2006,269(1 – 2):84 – 93.

[69] 鲁学仁,高从堦. PVDF 荷电膜的制备与性能研究[J]. 膜科学与技术,1994,14(2): 22 – 25.

[70] 王薇,杜启云,李国东. 聚甲基丙烯酸 – N,N – 二甲氨基乙酯中空纤维复合纳滤膜的制备与性能表征[J]. 材料导报,2006,20(5):129 – 131,138.

[71] SU Y,JIAN X G,ZHANG S H,et al. Preparation and characterization of quaternized poly (phthalazinone ether sulfone ketone) NF membranes[J]. J. Membr. Sci. ,2004,241(2): 225 – 233.

[72] 李倩,田野,王晓琳. 两性离子在高分子膜表面功能化改性中的研究进展[J]. 高分子通报,2012,(3):1 – 7.

[73] CHEN S F, LI L Y,ZHAO C. Surface hydration:Principles and applications toward low-fouling/nonfouling biomaterials[J]. Polymer,2010,51(23):5283 – 5293.

[74] ZHAI G Q,TOH S C,TAN W L,et al. Poly(vinylidene fluoride) with grafted zwitterionic polymer side chains for electrolyte-responsive microfiltration membranes [J]. Langmuir, 2003,19(17):7030 – 7037.

[75] LIU P S, CHEN Q, WU S S, et al. Surface modification of cellulose membranes with zwitterionic polymers for resistance to protein adsorption and platelet adhesion [J]. J. Membr. Sci. ,2010,350(1 – 2):387 – 394.

[76] GESTEL T V, KRUIDHOF H, BLANK D H, et al. ZrO$_2$ and TiO$_2$ membranes for nanofiltration and pervaporation:part 1. Preparation and characterization of a corrosion-resistant ZrO2 nanofiltration membrane with a MWCO < 300[J]. J. Membr. Sci. ,2006,284 (1 – 2):128 – 136.

[77] GESTEL T V,SEBOLD D,KRUIDHOF H,et al. ZrO$_2$ and TiO$_2$ membranes for nanofiltration and pervaporation:Part 2. Development of ZrO$_2$ and TiO$_2$ toplayers for pervaporation[J]. J. Membr. Sci. ,2008,318(1 – 2):413 – 421.

[78] 于品早. CTA/PVDF 共混中空纤维纳滤膜的研制[J]. 水处理技术,2005,31(12): 8 – 10.

[79] 时均,袁权,高从堦. 膜技术手册[M]. 北京:化学工业出版社,2001:278 – 289.

[80] 周金盛,陈观文. CA/CTA 共混不对称纳滤膜分离特性的研究[J]. 膜科学与技术, 1999,19(1):34 – 39.

［81］ ZHAO W F,HUANG J Y,FANG B H,et al. Modification of polyethersulfone membrane by blending semi-interpenetrating network polymeric nanoparticles［J］. J. Membr. Sci. ,2011, (369):258 - 266.

［82］ LAU W J,ISMAIL A F. Theoretical studies on the morphological and electrical properties of blended PES/SPEEK nanofiltration membranes using different sulfonation degree of SPEEK ［J］. J Membr Sci,2009,334(1 - 2):30 - 42.

［83］ ZULFIKAR M A,MOHAMMAD A W,HILAL N. Preparation and characterization of novel porous PMMA-SiO$_2$ hybrid membranes［J］. Desalination,2006,192(1 - 3):262 - 270.

［84］ WU C R,ZHANG S H,YANG D L,et al. Preparation,characterization and application of a novel thermal stable composite nanofiltration membrane［J］. J. Membr. Sci. ,2009,326(2): 429 - 434.

［85］ YANG C C,LI Y J J,LIOU T H,et al. Preparation of novel poly(vinyl alcohol)/SiO$_2$ nanocomposite membranes by a sol-gel process and their application on alkaline DMFCs ［J］. Desalination,2011,276(1 - 3):366 - 372.

［86］ MAXIMOUS N,NAKHLA G,WAN W,et al. Preparation,characterization and performance of Al$_2$O$_3$/PES membrane for wastewater filtration［J］. J. Membr. Sci. ,2009,341(1): 67 - 75.

［87］ YANG Y N,WANG P. Preparation and characterizations of a new PS/TiO$_2$ hybrid membranes by sol-gel process［J］. Polymer,2006(47):2683 - 2688.

［88］ OH S J,KIM N,LEE Y T,et al. Preparation and characterization of PVDF/TiO$_2$ organic-inorganic composite membranes for fouling resistance improvement［J］. J. Membr. Sci. , 2009,345(1 - 2):13 - 20.

［89］ TOMALIA D A. Starburst dendrimers-nanoscopic supermolecules according to dendritic rules and principles［J］. Macromol. Symp. ,1996,101(1):243 - 255.

［90］ 张新丽,胡小玲,管萍,等. 荷正电聚砜/Al$_2$O$_3$复合纳滤膜的制备及其分离 Au(Ⅲ) ［J］. 化工进展,2010,29(1):39 - 44.

［91］ AMARJARGAL A,TIJING L D,PANT H R,et al. Simultaneous synthesis of TiO$_2$ microrods in situ decorated with Ag nanoparticles and their bactericidal efficiency［J］. Curr. Appl. Phys. ,2012,12(4):1106 - 1112.

［92］ YI X S,YU S L,SHI W X,et al. The influence of important factors on ultrafi ltration of oil/ water emulsion using PVDF membrane modified by nano-sized TiO$_2$/Al$_2$O$_3$ ［J］. Desalination,2011,281:179 - 184.

［93］ JADAV G L,SINGH P S. Synthesis of novel silica-polyamide nanocomposite membrane with enhanced properties［J］. J. Membr. Sci. ,2009,328(1 - 2):257 - 267.

［94］ WINBERG P,DESITTER K,DOTREMONT C,et al. Free volume and interstitial mesopores in silica filled poly(1-trimethylsilyl-1-propyne) nanocomposites［J］. Macromolecules, 2005,38(9):3776 - 3782.

［95］ 崔玉花,尹少宏,崔玉,等. 聚酰胺 - 胺(PAMAM)树状大分子的研究进展［J］. 济南大学学报(自然科学版),2007,21(4):356 - 360.

［96］ TOMALIA D A H,BAKER H,DEWALD J R,et al. A new class of polymers:starburstdendritic macromolecules[J]. Polymer,1985,34(1):117 –132.

[97] 王俊,杨锦宗,陈红侠,等.发散法合成树枝状高分子聚酰胺 – 胺[J]. 合成化学,2001,9(1):62 –64.

[98] 周贵忠,谭惠民,罗运军,等.一种稠油原油污水处理破乳剂的合成及性能研究[J]. 工业用水与废水,2004,35(2):79 –81.

[99] DIALLO M S,BALOGH L,SHAFAGATI A,et al. Poly(amidoamine) dendrimers:a new class of high capacity chelating agents for Cu(Ⅱ)ions[J]. Environ. Sci. Technol.,1999,33(5):822 –824.

[100] CHUNG T S,CHNG M L,PRAMODA K P,et al. PAMAM dendrimer-induced cross-linking modification of polyimide membranes[J]. Langmuir,2004,20(7):2966 –2969.

[101] KOVVALI A S,CHEN H. Dendrimer membranes:a CO_2-selective molecular gate[J]. J. Am. Chem. Soc.,2000,122(31):7594 –7595.

[102] KOVVALI A S,SIRKAR K K. Dendrimer liquid membranes:CO_2 separation from gas mixtures[J]. Ind. Eng. Chem. Res.,2001,40(11):2502 –2511.

[103] KOVVALI A S,SIRKAR K K. Carbon dioxide separation with novel solvents as liquid membranes[J]. Ind. Eng. Chem. Res.,2002(41):2287 –2295.

[104] KOUKETSU T,DUAN S H,KAI T,et al. PAMAM dendrimer composite membrane for CO_2 separation:Formation of a chitosan gutter layer[J]. J. Membr. Sci.,2007,287(1):51 –59.

[105] LIU Y L,ZHAO M Q,BERGBREITER D E,et al. PH-switchable,ultrathin permselective membranes prepared from multilayer polymer composites[J]. J. Am. Chem. Soc.,1997,119(37):8720 –8721.

[106] 许晓熊.界面聚合法制备 PAMAM 复合纳滤膜及其结构与性能研究[D]. 厦门:厦门大学,2009:23 –34.

[107] 邓慧宇,徐又一,朱利平,等. 树状聚合物制备高脱盐纳滤膜[J]. 功能材料. 2011,42(5):793 –798.

[108] 邓慧宇.单体结构对聚酰胺复合纳滤膜表面形貌与性能的影响[J]. 功能材料,2007,38(增刊):2762 –2765.

[109] YI X S,SHI W X,YU S L,et al. Isotherm and kinetic behavior of adsorption of anion polyacrylamide(APAM)from aqueous solution using two kinds of PVDF UF membranes[J]. J. Hazard. Mater.,2011,189(1 –2):495 –501.

[110] SEN G,GHOSH S,JHA U,et al. Hydrolyzed polyacrylamide grafted carboxymethylstarch(Hyd. CMS-g-PAM):An efficient flocculant for the treatment of textile industry wastewater[J]. Chem. Eng. J.,2011,171(2):495 –501.

[111] CHAKRABARTY B,GHOSHAL A K,PURKAIT M K. Ultrafiltration of stable oil-in-water emulsion by polysulfone membrane[J]. J. Membr. Sci.,2008,325(1):427 –437.

[112] YUSOFF A,MURRAY B S. Modified starch granules as particle-stabilizers of oil-in-water emulsions[J]. Food Hydrocolloids,2011,25(1):42 –55.

[113] SU Y L,CHENG W,LI C,et al. Preparation of antifouling ultrafiltration membranes with poly(ethylene glycol)-graft-polyacrylonitrile copolymers[J]. J. Membr. Sci.,2009,329

（1）:246 – 252.

[114] MIMOUNE S, AMRANI F. Experimental study of metal ions removal from aqueous solutions by complexation-ultrafiltration[J]. J. Membr. Sci. ,2007,298(1):92 – 98.

[115] 孙志猛,任晓晶,赵可卉. 耐污染聚酰胺复合纳滤膜的制备及性能[J]. 化工进展, 2012,31(5):1088 – 1095.

[116] BOWEN W R,MUKHTAR H. Characterization and prediction of separation performance of nanofiltration membranes[J]. J. Membr. Sci. ,1996,112(2):263 – 274.

[117] BOWEN W R,MOHAMMAD A W,HILAL N. Characterization of nanofiltration membranes for predictive purposes use of salts,uncharged solutes and atomic force microscopy[J]. J. Membr. Sci. ,1997,126(1):91 – 105.

[118] SCHAEP J,VANDECASTEELE C,MOHAMMAD A W,et al. Analysis of the salt retention of nanofiltration membranes using the Donnan steric partitioning pore model[J]. Sep. Sci. Technol. ,1999(34):3009 – 3030.

[119] LABBEZ C,FIEVET P,SZYMCZYK A,et al. Analysis of the salt retention of a titania membrane using the "DSPM" model:effect of pH,salt concentration and nature[J]. J. Membr. Sci. ,2002,208(1 – 2):315 – 329.

[120] 衣雪松. 聚偏氟乙烯改性膜处理油田三次采油废水的抗污染特性与机制[D]. 哈尔滨:哈尔滨工业大学,2012:23 – 25.

[121] STAMATIALIS D F,DIAS C R,DE PINHO M N. Atomic force microscopy of dense and asymmetric cellulose-based membranes[J]. J. Membr. Sci. ,1999,160(2):235 – 242.

[122] BOUSSU K,VAN DER BRUGGEN B,VOLODIN A,et al. Roughness and hydrophobicity studies of nanofiltration membranes using different modes of AFM[J]. J. Colloid Interface Sci. ,2005,286(2):632 – 638.

[123] CVIJOVIĆ D,SRIVASTAVA. Another discrete Fourier transform pairs associated with the Lipschitz-Lerch Zeta function [J]. Appl. Math. Comput. ,2012,218(12):6744 – 6747.

[124] 高爱环,刘金盾,张浩勤,等. 聚哌嗪酰胺复合纳滤膜制备及其性能表征[J]. 高校化学工程学报,2004,18(1):28 – 32.

[125] 环国兰,张宇峰,杜启云,等. 正交试验优化复合纳滤膜复合条件[J]. 膜科学与技术. 2004,24(5):77 – 79.

[126] 张浩勤,张婕,朱艳青,等. 界面聚合制备壳聚糖和均苯三甲酰氯复合纳滤膜[J]. 高校化学工程学报,2009,23(3):522 – 526.

[127] LIU M H,YU S C,ZHOU Y,et al. Study on the thin-film composite nanofiltration membrane for the removal of sulfate from concentrated salt aqueous:Preparation and performance[J]. J. Membr. Sci. ,2008,310(1 – 2):289 – 295.

[128] DU R H,ZHAO J S. Properties of poly (N,N-dimethylaminoethyl methacrylate)/ polysulfone positively charged composite nanofiltration membrane [J]. J. Membr. Sci. , 2004,239(2):183 – 188.

[129] 刘久清,许振良,张耀. PA/PVDF 中空纤维复合纳滤膜的研究（Ⅱ）复合纳滤膜性能表征[J]. 膜科学与技术,2007,27(1):18 – 22.

[130] ERNST M,BISMARCK A,SPRINGER J,et al. Zeta-potential and rejection rates of a

polyethersulfone nanofiltration membrane in single salt solutions[J]. J. Membr. Sci. , 2000,165(2):251 – 259.

[131] KOO J Y,PETERSEN R J,CADOTTE J E. ESCA characterization of chlorine-damaged polyamide reverse osmosis membrane[J]. Polymer Prepar. ,1986(27):35 – 42.

[132] KONAGAYA S,KUZUMOTO H,WATANABE O, et al. New reverse osmosis membrane materials with higher resistance to chlorine[J]. J. Appl. Polym. Sci. ,2000,75(11): 1357 – 1364.

[133] DAM N,OGILBY P R. On the mechanism of polyamide degradation in chlorinated water [J]. Helv. Chim. Acta. ,2001,84(9):2540 – 2549.

[134] GLATER J, ZACHARIAH M R, MCCRAY S B, et al. Reverse osmosis membrane sensitivity to ozone and halogen disinfectants[J]. Desalination,1983,48(1):1 – 16.

[135] SOICE N P,GREENBERG A R,KRANTZ W B,et al. Studies of oxidative degradation in polyamide RO membrane barrier layers using pendant drop mechanical analysis[J]. J. Membr. Sci. ,2004,243(1):345 – 355.

[136] BUCH P R, MOHAN D J, REDDY A V R. Preparation, characterization and chlorine stability of aromatic-cycloaliphatic polyamide thin film composite membranes[J]. J. Membr. Sci. ,2008,309(1 – 2):36 – 44.

[137] LEE J H, CHUNG J Y, CHAN E P, et al. Correlating chlorine-induced changes in mechanical properties to performance in polyamide-based thin film composite membranes [J]. J. Membr. Sci. ,2013,433:72 – 79.

[138] 王铎,娄红瑞,汪锰. 聚酰胺反渗透膜的耐污染性和耐氯性[J]. 膜科学与技术,2009, 29(5):58 – 61.

[139] SOICE N P,MALADONO C,TAKIGAWA D Y,et al. Oxidative degradation of polyamide reverse osmosis membranes:Studies of molecular model compounds and selected membranes [J]. J. Appl. Polym. Sci. ,2003,90(5):1173 – 1184.

[140] KWON Y N,TANG C Y,LECKIE J O. Change of surface properties and performance due to chlorination of crosslinked polyamide membranes[D]. Stanford:Stanford University,2005.

[141] WEI X Y, WANG Z, ZHANG Z, et al. Surface modification of commercial aromatic polyamide reverse osmosis membranes by graft polymerization of 3-allyl-5, 5-dimethylhydantoin[J]. J. Membr. Sci. ,2010,351(1 – 2):222 – 233.

[142] KANG G D,GAO C J,CHEN W D,et al. Study on hypochlorite degradation of aromatic polyamide reverse osmosis membrane[J]. J. Membr. Sci. ,2007,300(1):165 – 171.

[143] KWON Y N,LECKIE J O. Hypochlorite degradation of crosslinked polyamide membranes: II. Changes in hydrogen bonding behavior and performance[J]. J. Membr. Sci. ,2006, 282(1/2):456 – 464.

[144] SHEN J N,RUAN H M,WU L G,et al. Preparation and characterization of PES-SiO$_2$ organic-inorganic composite ultrafiltration membrane for raw water pretreatment[J]. Chem. Eng. J. ,2011,168(3):1272 – 1278.

[145] WU C M,XU T W,YANG W H. A new inorganic-organic negatively charged membrane: membrane preparation and characterizations[J]. J. Membr. Sci. ,2003,224(1 – 2):117 – 125.

[146] JADAV G L,ASWAL V K,SINGH P S. SANS study to probe nanoparticle dispersion in nanocomposite membranes of aromatic polyamide and functionalized silica nanoparticles [J]. J. Colloid Interface Sci. ,2010,351(1):304 − 314.

[147] AL-AMOUDI A, LOVITT R W. Fouling strategies and the cleaning system of NF membranes and factors affecting cleaning efficiency[J]. J. Membr. Sci. ,2007,303(1 − 2):4 − 28.

[148] LEE H S,IM S J,KIM J H,et al. Polyamide thin-film nanofiltration membranes containing TiO$_2$ nanoparticles[J]. Desalination,2007,219(1):48 − 56.

[149] LEO C P,LEE W P C,AHMAD A L,et al. Polysulfone membranes blended with ZnO nanoparticles for reducing fouling by oleic acid. Separ. Puri. Tech. ,2012,89:51 − 56.

[150] NG L Y,MOHAMMAD A W, LEO C P,et al. Polymeric membranes incorporated with metal/metal oxide nanoparticles:A comprehensive review[J]. Desalination,2010,308: 15 − 33.

[151] YI Z,ZHU L P,CHENG L, et al. A readily modified polyethersulfone with amino-substituted groups:Its amphiphilic copolymer synthesis and membrane application[J]. Polymer,2012,53(2):350 − 358.

[152] SZYMCZYK A, FIEVET P, BANDINI S. On the amphoteric behavior of Desal DK nanofiltration membranes at low salt concentrations[J]. J. Membr. Sci. ,2010,355(1 − 2):60 − 68.

[153] CHERYAN M. Ultraltration and Microltration Handbook [M]. Lancaster:Technomic Publishing Co. Inc. ,1998.

[154] SEE-TOH Y H, SILVA M, LIVINGSTON A, et al. Controlling molecular weight cut-off curves for highly solvent stable organic solvent nanofiltration (OSN) membranes[J]. J. Membr. Sci. ,2008,324(1):220 − 232.

[155] HE Y,LI G M,WANG H,et al. Effect of operating conditions on separation performance of reactive dye solution with membrane process [J]. J. Membr. Sci. , 2008, 321(2): 183 − 189.

[156] KIM S H,KWAK S Y,SOHN B H,et al. Design of TiO$_2$ nanoparticle self-assembled aromatic polyamide thin-film-composite (TFC) membrane as an approach to solve biofouling problem[J]. J. Membr. Sci. ,2003,211(1):157 − 165.

[157] 徐婷,苏宏智,李友平. 采油废水回注处理技术的现状及展望[J]. 污染防治技术, 2010,23(1):70 − 73.

[158] YI X S,SHI W X,YU S L,et al. Optimization of complex conditions by response surface methodology for APAM-oil/water emulsion removal from aqua solutions using nano-sized TiO$_2$/Al$_2$O$_3$ PVDF ultrafiltration membrane[J]. J. Hazar. Mater. ,2011,193:37 − 44.

[159] 夏俊方,曹海云. 膜分离技术处理电镀废水的实验研究[J]. 上海环境科学,2006,25 (2):68 − 73.

[160] 姚金苗,王湛,梁艳莉,等. 超、微滤过程中临界通量的研究进展[J]. 膜科学与技术, 2008,28(2):69 − 72.

[161] IRITANI E,KATAGIRI N,KAWABATA T,et al. Chiral separation of tryptophan by single-

pass affinity inclined ultrafiltration using hollow fiber membrane module[J]. Sep. Purif. Technol. ,2009,64(3):337 – 344.

[162] CHELLAM S,TAYLOR J S. Simplified analysis of contaminant rejection during ground and surface water nanofiltration under the information collection rule[J]. Water Res. ,2001,35 (10):2460 – 2474.

[163] CAMPOS J C, BORGES R M H, OLIVEIRA FILHO A M, et al. Oilfield wastewater treatment by combined microfiltration and biological processes[J]. Water Res. ,2002,36 (1):95 – 104.

[164] JARUSUTTHIRAK C, MATTARAJ S, JIRARATANANON R, et al. Factors affecting nanofiltration performances in natural organic matter rejection and flux decline[J]. Sep. Purif. Technol,2007,58 (1):68 – 75.

[165] HER N, AMY G, PLOTTU-PECHEUX A, et al. Identification of nanofiltration membrane foulants[J]. Water Res. 2007,41(17):3936 – 3947.

[166] VANDECASTEELE C,LEYSEN R,VAN DER BRUGGEN B, et al. A review of pressure-driven membrane processes in wastewater treatment and drinking water production[J]. Environ. Progr. ,2003,22(1):46 – 56.

[167] KIMURA K, AMY G, DREWES J, et al. Adsorption of hydrophobic compounds onto NF/RO membranes:an artifact leading to overestimation of rejection[J]. J. Membr. Sci. , 2003,221(1):89 – 101.

[168] 霍克 E,严 Y,卓恩 B-H.纳米复合材料膜及其制备和使用方法:200680007751. X[P]. 2011 – 08 – 03.

[169] MUELLER J,CEN Y,DAVIS R H. Crossflow microfiltration of oily water[J]. J. Membr. Sci. ,1997,129(2):221 – 235.

[170] 蒋学彬.膜分离技术在石油工业含油污水处理中的应用研究进展[J].2015,25(5): 77 – 80,94.

[171] Li Y S, YAN L, XIANG C B, et al. Treatment of Oily Wastewater by Organic-inorganic composite ultrafiltration(UF) membranes[J]. Desalination,2006,196(1 – 3):76 – 83.

[172] 李发永,徐英,李阳初,等.磺化聚砜超滤膜处理含油污水的实验[J].水处理技术, 2000,26(5):285 – 288.

[173] SALAHI A, ABBASI M, MOHAMMADI T. Permeate flux decline during UF of oily wastewater:Experimental and modeling[J]. Desalinaiton,2010,251(1 – 3):153 – 160.

[174] 潘振江,高学理,祝威,等.聚醚砜超滤膜处理油田采出水试验研究[J].膜科学与技术,2011,4(2):95 – 99.

[175] 徐俊,于水利,孙勇,等.降低含聚采油废水矿化度的超滤实验研究[J].哈尔滨商业大学学报(自然科学版),2007,23(1):36 – 39.

[176] 镇祥华,于水利,梁春圃,等.超滤与电渗析联用降低油田采出水矿化度中试试验研究[J].环境污染治理技术与设备,2006,7(7):15 – 19.

[177] 许浩伟,王谦,李海军,等.溶汽气浮 – 超滤 – 反渗透深度处理油田污水及回用[J]. 水处理技术,2011,37(5):107 – 109,119.

[178] 潘振江,高学理,王铎,等.双膜法深度处理油田采出水的现场试验研究[J].水处理

技术,2010,36(1):86-90.

[179] 张冰.聚四氟乙烯膜处理三元驱采油废水的效能与膜污染控制[D].哈尔滨:哈尔滨工业大学,2017.

[180] 杨晴,傅寅翼,高爱林,等.含油废水处理用分离材料研究进展[J].高分子通报,2016,(9):254-261.

附录　常用术语中英文对照表

A

Amino　氨基

Aeration　曝气

Analysis　解析

Adsorption　吸附

Aakali washing　碱洗

Anti-pollution　抗污染

Acid cleaning　酸清洗

Alkali cleaning　碱清洗

Acetate fiber　醋酸纤维

Attenuation law　衰减规律

APAM　阴离子聚丙烯酰胺

AFM　原子力显微镜分析

Acetate fiber（CA）　醋酸纤维

Aperture recognition　孔径识别

Adsorption pollution　吸附污染

Adsorption isotherm　吸附等温线

B

Biological cleaning　生物清洗

Biological pollution　生物污染

Biological enzyme cleaning　生物酶清洗

Biology oxygen demand（BOD）　生物需氧量

C

Cleaning　清洗

COO^-　羧酸根

Citric acid　柠檬酸

Cake layer　泥饼层

—COOH　羧酸基团

Contact angle　接触角

Critical flux　临界通量

Charge effect　电荷效应

CMCH　羧甲基甲壳素

Colloidal dirt　胶体污垢

Contact angle（CA）　接触角

Chemical cleaning　化学清洗

Chelate cleaning　螯合剂清洗

Cross-flow filtration　错流过滤

Condense multiple　浓缩倍数

Concentration polarization　浓差极化

COD_{Cr}　重铬酸钾法测定化学需氧量

Chloride resistance performance　耐氯性能

Chemical oxygen demand（COD）　化学需氧量

D

Dynamics　动力学

Dendrimer　树状分子

Daub method　涂抹法

Donnan effect　唐南效应

Dosing cleaning　药剂浸泡

DSPM　唐南－静电分割模型

Dead-end filtration　死端过滤

2,5－DABSA　2,5－二氨基苯磺酸

Disinfectionby-products（DBPs）　消毒副产物

E

Electrophoresis　电泳法

Electrochemistry　电化学

Electrostatic power　静电力

Electrodialysis（ED）　电渗析

Experimental design　实验设计

Endocrine disrupting chemicals（EDCs）　内分泌干扰物

Ethylene Diamine Tetraacetic Acid（EDTA）　乙二胺四乙酸

F

Flux　通量

Flux recovery　通量恢复

Functional group　官能团

FESEM　场发射扫描电子显微镜

FTIR-ATR　红外光谱分析

Flat sheet membrane　平板膜

FMA　复合絮凝剂铁镁铝聚合物

Film theory model(FTM)　薄膜理论模型

G

Glucose　葡萄糖

Gel layer　凝胶层

Gas and liquid pulse　气液脉冲

Gibbs Free Energy　吉布斯自由能

H

Holes area　孔面积

Hydrophilic　亲水性

Hydrophobic　疏水性

Hollow fiber　中空纤维

Hydrochloric acid　盐酸

Hybrid membrane　杂化膜

Hydrogen peroxide solution　过氧化氢

Homogeneous surface diffusion mode（HSDM）　均相表面扩散模型

I

Induction force　诱导力

Inorganic dirt　无机污垢

Inorganic pollution　无机污染

ICP-AES　原子发射光谱法

Intercept performance　截留性能

Interfacial polymerization（IP）　界面聚合法

J

J/J_0 比通量

M

Membrane 膜
Mechanism 机理
MPDA 间苯二胺
MS 材料机械强度
Microfiltration 微滤
Microorganism 微生物
Metaphosphate 偏磷酸盐
Membranemodule 膜组件
Membrane fouling 膜污染
Membrane cleaning 膜清洗
Modified membrane 改性膜
Mechanic scraping 机械刮除
Membrane preparation 膜制备
Mechanical cleaning 机械清洗
Macromolecule polymer 高分子聚合物
Molecular weight cut off（MWCO） 切割分子量

N

Nitric acid 硝酸
Nanofiltration 纳滤
Nanoparticles 纳米颗粒
Natural organic matters（NOM） 天然有机物
Nernst-Planck（ENP）方程 能斯特－普兰克方程

O

Oil layer 油层
Oil recovery 采油
Original membrane 原膜
Orthophosphate 正磷酸盐

Oilfield wastewater　油田废水

Operation parameters　操作参数

Operating conditions　运行工况

Oil field produced water　采油废水

Oxidizing agent cleaning　氧化剂清洗

P

Potential　电位

Phosphas　磷酸

Phosphate　磷酸盐

Pollutant　污染物

PSA　聚砜酰胺

PEG　聚乙二醇

PVA　聚乙烯醇

pH value pH 值

Polyethylene　聚乙烯

Polypropylene　聚丙烯

PPI　聚丙烯亚胺

PAMAM　聚酰胺－胺

Polyamide(PA) 聚酰胺

Pickling-washing　酸洗

Particulate matter　颗粒物

Pure water flux　纯水通量

Pulse cleaning　脉冲清洗

Pure water wash　水力冲洗

Physical cleaning　物理清洗

Particle size analysis　粒径分析

Performance standards　性能标准

Performance parameters　性能参数

Potassium permanganate　高锰酸钾

Phase transformation method　相转化法

Protein-containing pollutants　含蛋白质污染物

PPESK　磺化聚醚砜酮

Polysulfone (PSF)　聚砜

Polyether sulfone (PES)　聚醚砜

PVP　聚乙烯吡咯烷酮

PES　聚醚砜

Polyacrylamide（PAM）　聚丙烯酰胺

Polyvinylidene fluoride（PVDF）　聚偏氟乙烯

PDMAEMA　聚甲基丙烯酸二甲氨基乙酯

Pharmaceutical active compounds（PhACs）　制药活性化合物

Q

Quick pluggin　快速堵孔

R

Resistance　阻力

R/R_0　比截留率

Reinjection　回注

Roughness　粗糙度

Removal rate　去除率

Rejection rate　截留率

Reverse wash　反冲洗

Reverse pulse　反向脉冲

Reverse osmosis　反渗透

Relative flux　膜比通量

Radius of rotation　旋转半径

Resistance distribution　阻力分布

Relative rejection rate　膜比截留率

S

Simulation　模拟

Sulfuric acid　硫酸

Suspended solid　悬浮物

SPESF　磺化聚（醚）砜

SPEEK　磺化聚醚醚酮

SiO_2　二氧化硅

Solution chemistry　溶液化学

Screening theory　筛分理论

Surface potential　表面电位

Sediment pollution　沉积物污染

Solid phase concentration　固相浓度

Single-factor experiment　单因子实验

Surfactant cleaning　表面活性剂清洗

Surface Zeta potential　表面 Zeta 电位

Suspended particles（SS）　悬浮物

Spiral coil type membrane　螺旋卷式膜

Surface element analysis　表面元素分析

Sodium dodecyl sulfate（SDS）　十二烷基磺酸钠

Soluble organic contamination　可溶性有机物污染

Sequencing batch reactor（SBR）　序批式反应器

Sulfate Reducing Bacteria（SRB）　硫酸盐还原菌

T

Turbidity　浊度

Thermodynamics　热力学

TiO_2　二氧化钛

TMC　均苯三甲酰氯

TG 或 TGA　热重分析

Tubular membrane　管式膜

Thermal analysis　热分析

Tensile strength　拉伸强度

Tangential velocity　切向流速

Transmembrane pressure　跨膜压差

Total organic carbon（TOC）　总有机碳

Total dissolved solid（TDS）　总溶解性固体

U

Ultrafiltration　超滤

Ultrasonic method　超声法

V

Viscosity　黏度

Vibration　振动

Volatile organic substances（VOCs）　挥发性有机物

W

Water flux　水通量

Water treatment technology　水处理技术

Water flush with high flow rate　高流速水冲

Water flush with variable flow rate　变流速冲洗

X

XPS　X – 射线光电子能谱

X-ray diffraction　X – 射线衍射